美丽中国
"江西样板"的生动实践

刘紫春　华启和　等/编著

中国环境出版集团·北京

图书在版编目（CIP）数据

美丽中国"江西样板"的生动实践/刘紫春等编著. —北京：
中国环境出版集团，2021.6
　ISBN 978-7-5111-4740-0

　Ⅰ．①美…　Ⅱ．①刘…　Ⅲ．①生态环境建设—经验—
江西　Ⅳ．①X321.256

中国版本图书馆 CIP 数据核字（2021）第 106442 号

出 版 人	武德凯	
责任编辑	周　煜　宋慧敏	
责任校对	任　丽	
封面设计	宋　瑞	

出版发行　**中国环境出版集团**
　　　　　（100062　北京市东城区广渠门内大街 16 号）
　　　　　网　　址：http://www.cesp.com.cn
　　　　　电子邮箱：bjgl@cesp.com.cn
　　　　　联系电话：010-67112765（编辑管理部）
　　　　　发行热线：010-67125803，010-67113405（传真）
印　　刷　北京中科印刷有限公司
经　　销　各地新华书店
版　　次　2021 年 6 月第 1 版
印　　次　2021 年 6 月第 1 次印刷
开　　本　787×960　　1/16
印　　张　17.75
字　　数　200 千字
定　　价　68.00 元

中国环境出版集团郑重承诺：
中国环境出版集团合作的印刷单位、材料单位均具有中国环境标志产品认证；
中国环境出版集团所有图书"禁塑"。

前　言

　　建设生态文明是关系人民福祉、关乎民族未来的长远大计，更是中华民族永续发展的千年大计。生态兴则文明兴，生态衰则文明衰。党的十八大以来，以习近平同志为核心的党中央深刻总结人类文明发展规律，将生态文明建设纳入中国特色社会主义"五位一体"总体布局和"四个全面"战略布局，形成了习近平生态文明思想。习近平生态文明思想是对实现中华民族伟大复兴和永续发展的深远谋划，是对马克思主义生态文明思想的丰富和发展，标志着我们党对共产党执政规律、社会主义建设规律、人类社会发展规律的认识达到了一个新高度，引领中华民族永续发展。

　　习近平总书记充分肯定江西良好的生态环境，对江西生态文明建设寄予厚望。2015年3月，习近平总书记参加江西代表团审议时，对江西生态环境给予高度评价，对绿色崛起战略给予充分肯定，勉励江西按照国家对江西生态文明先行示范区建设的总体要求，走出一条经济发展和生态文明相辅相成、相得益彰的路子，打造生态文明建设"江西样板"。2016年春节前夕，习近平总书记到江西视察时明确提出，绿色生态是江西最大财富、最大优势、最大品牌，一定要保护好，做好治山理水、显山露水的文章，打造美丽中国"江西样板"。从国家生态文明先行示范区建设到国家生态文明试验区建设，从打造生态文明建设"江西样板"到打造美丽中国"江西样板"，这是以习近平同志为核心的党中央赋予江西的光荣政治责任和发展使命，是对江西生态文明建设的更大期待、更高要求，也是对江西干部群众的莫大信任、深切嘱托。江西省委、省政府按照习近平总书记的重要指示，深入贯彻落实习近平新时代中国特色社会主义思想，以习近平生态文明思想为遵循，以五大发展理念为引领，以国家生态文明试验区建设为契机，深入实践"山水林田湖草生命共同体"理念、绿色发展理念、生态文明制度建设重要论述、习近平生态扶贫重要论述、习近平生态文化建设重要论述，做活山水文章，在打造美丽中国"江西样板"上勇于创新，为中国特色社会主义生态文明建设创造了一批可复制、可推广的经验，向党中央交出一份"国家大考"的亮丽答卷。

　　本书的编著是团队集体智慧的结晶。东华理工大学党委副书记刘紫春教授、马克思主义学院党总支书记华启和教授提出写作思路、确定写作框架、明确写作内容。前言与第一章由刘紫春、华启和编著，第二章由段艳丰编著，第三章由虞新胜编著，第四章由刘紫春、谢青霞编著，第五章由姜韦编著，第六章由罗来文编著。中国环境出版集团对本书的编著和出版给予了大力支持和帮助。在本书编著过程中，还参考了江西省生态文明建设的研究成果，在此特别加以说明并致以诚挚的感谢。

刘紫春　华启和

2020 年 6 月

目　录

第一章　历久弥新的生态底蕴，
　　　持续接力护美绿水青山

印度诗人泰戈尔曾说过："世界上还有什么事情，比中国文化的美丽精神更值得宝贵的？"①美丽中国，不仅美在山水之间，更美在人文之中。山美、水美、人更美，这是对美丽中国最贴近的一种阐释。江西的美，美在山川秀丽，风景如画；江西的美，美在人文荟萃，钟灵毓秀。千百年来，江西的祖祖辈辈敬畏自然、尊重自然、保护自然，在保护中发展、在发展中保护，接续开展生态文明建设，展现了"风景这边独好"的胜景。

一、优良的生态环境

江西位于中国东南部，在长江中下游南岸，以山地、丘陵为主，地处中亚热带，季风气候显著，四季变化分明。境内水热条件差异较大，多年平均气温自北向南依次增高，南北温差约3℃。大自然慷慨地赐予了江西这方水土妩媚的青山、浩渺的鄱阳湖，形成了诗情画意、美不胜收的"风景这边独好"。江西

① 转引自赵力平：《美丽中国"江西样板"》，南昌：江西教育出版社，2017年版，第168页。

97.7%的面积属于长江流域，水资源比较丰富，河网密集，河流总长约 1.84 万千米，有全国最大的淡水湖——鄱阳湖。习近平总书记指出，江西是个好地方，生态秀美，名胜甚多。江西拥有"四大名山""四大摇篮""四个千年""六个一"。"四大名山"（庐山、井冈山、三清山、龙虎山）都是自然遗产，风光秀美，习近平总书记赞誉"庐山天下悠、三清天下秀、龙虎天下绝"。江西不仅拥有独好的自然风光，还拥有独特的红色文化。中国共产党许多重要的历史事件、重要的历史转折点都在江西发生，江西这片红土地对中国革命做出了巨大的贡献。"四大摇篮"指的是南昌是中国人民解放军的摇篮、井冈山是中国革命的摇篮、瑞金是共和国的摇篮、安源是中国工人运动的摇篮，这蕴意着深厚的红色基因。千年瓷都景德镇、千年名楼滕王阁、千年书院白鹿洞、千年古刹东林寺是江西的"四个千年"。"六个一"展现了江西的唯一性和独特性，"一湖"是中国最大的淡水湖鄱阳湖、"一村"是"中国最美乡村"婺源、"一峰"是龟峰、"一海"是天上云居庐山西海、"一道"是小平小道（邓小平同志于 1969—1973 年漫步思考的地方）、"一城"是共青城（国家级生态示范区和中国青年创业基地）。

　　江西作为全国首批全境纳入生态文明先行示范区建设的省份之一、作为全国三个国家生态文明试验区建设的省份之一，风景秀丽，生态优良。江西省现有世界遗产地 5 处，世界文化与自然双遗产地 1 处，世界地质公园 4 处，国际重要湿地 1 处，国家级风景名胜区 14 处，林业自然保护区 186 处（国家级 15 处），森林公园 180 处（国家级 46 处），湿地公园 84 处（国家级 28 处）。江西省现共建立自然保护区 159 处，武夷山铅山部分列入世界文化与自然双遗产名录，上饶、赣州、景德镇创建国家森林城市，靖安、资溪、婺源获批"国家生态文明建设示范县"，自然保护区面积达 106.33 万公顷。江西的天更蓝了，2020 年，江西省设区市 $PM_{2.5}$ 平均质量浓度为 30 微克/米^3，同比下降 14.3%；环境空气质量优良天数比例为 94.7%，同比上升 5.0 个百分点；水更清了，全省地表水水质优良比例为 94.7%，同比上升 2.3 个百分点；Ⅴ类及劣Ⅴ类水断面比例为 0，其中江西省地表水国考断面水质优良比例为 96.0%，同比上升 2.7 个百分点……生态环境优势巩固提升，江西省生态环境状况指数（EI）为优，居全国第四位；森林覆盖率稳定在 63.1%，居全国第二位。[①]

绿色，是江西的一张名片；生态，为江西的"颜值"加分。绿色江西，彰显的是赣鄱大地丰富的生态资源，为美丽中国"江西样板"的打造奠定了基础。

二、深厚的人文积淀

在中华文明的历史长河中，江西人才辈出，陶渊明、欧阳修、曾巩、王安石、朱熹、文天祥、宋应星、汤显祖、詹天佑等文学家、政治家、科学家若群星灿烂，光耀史册。江西自古

---

① http://www.huaxia.com/jx-tw/zjjx/jrjx/2021/01/6615309.html.

就是"文章节义之邦，人文渊源之地""名家巨擘贤才荟萃，鼎钟野瑟相激百世"。灿烂的赣鄱文化，不仅在中华民族文明历史上书写了不朽的辉煌篇章，也为打造美丽中国"江西样板"积淀了深厚的人文底蕴。

千百年来，生活在这片红土地上的赣鄱儿女，坚守着天人合一、道法自然的古朴与执着，与山川和谐相处，与万物共荣共生，拥有深厚的生态文化底蕴。一代又一代的江西人秉承着"尊重自然、顺应自然、保护自然"的生态理念，并持之以恒地以实际行动去保护自然。江西自古就有禁渔封山的生态自觉。据万历《南昌府志》记载，"凡官港中有深潭，潭有定界，每岁秋冬停禁，鱼户当官承认、取鱼纳钞；凡官港除秋冬禁外，听小民各色网业长江泛取纳课"。春夏汛期的禁渔制度一直被沿用，南昌、新建、进贤等地都有类似的传统。这种禁渔习俗并不仅仅存在于鄱阳湖周边大江大河，在鄱阳湖流域的许多支流上也有此民俗。浮梁县瑶里镇在道光年间就为禁渔而立有"养生碑"，这一禁渔传统一直延续到今天，从未中断。[1]赣南客家文化的天人观源于当地人民从古至今与恶劣自然条件做斗争的生态经验。赣南客家人在经历了社会动荡、长期战乱后，最需要的就是一个和谐稳定的家园，这是时代赋予他们的挑战——"早禾耘三到，耘到死翘翘；晚禾耘三到，耘到谷都爆""刮风莫放风，下雨好打鱼"是他们传承至今的农事经验，"吃粗、吃

---

[1] 姜玮、梁勇：《奋力打造生态文明建设的江西样板——绿色崛起干部读本》，南昌：江西人民出版社，2015年版，第213页。

野、吃杂、吃素"的饮食习惯也是他们顺应自然、保护自然的最好体现。"契石为父""契树为父"是赣南客家人对大自然的一种敬畏，但也正是这种适度的敬畏之心，为赣南客家人的家园留住了最美的绿色、最原生态的大自然。

江西的生态环境保持如此之好，森林覆盖率如此之高，与江西封山育林的乡风民俗有很大的关系。在"中国最美乡村"婺源，从古至今都秉承"樟树崇拜"，当地民众有"杀猪封山""生子植树"的民风民俗，在婺源的很多村庄（如李坑、江湾、汪口、理坑等）的村口都有被称作为"樟树爷爷"的古老樟树。婺源江湾人对栽满树木的后龙山敬若神灵，历代都加以保护，而且立下规矩，明令刀斧不得入山，每逢初五和十五，村里还要派专人鸣锣巡山。在婺源汪口村"乡约所"后院的墙壁上，至今仍保留着清代乾隆五十年至五十一年关于严禁盗砍后龙山风水林的文字，以及保护后龙山的捐助项目和捐助人芳名牌。[①]乐安镇拥有的一片护岸林被称作"中国第一古樟林"，用于保护周边村庄和农田。十里香樟，百鸟绕林，千年古樟，万棵成群——1.1万余株千年古樟树的茁壮成长基于两条承袭数百年的"口头约定"：一是不允许家禽、牲畜进入古樟林；二是禁止砍伐古樟林内的树木、捡拾枯枝。连绵数千米的千年古樟林不但成为人们走进大自然、放空心灵的最好去处，也成就了乐安民众世代守护古樟林的这样一桩美谈。安远县的民众世代保

---

① 姜玮、梁勇：《奋力打造生态文明建设的江西样板——绿色崛起干部读本》，南昌：江西人民出版社，2015年版，第214页。

护三百山上的树木，并不断组织民众在山上植树造林，是防止水土流失的经典事迹，为香港同胞提供了干净稳定的水源。江西人民世代的守护为人类家园留下了一片鲜活的绿色。这种历史传承被很好地保存在江西历史悠久的文化中，使得江西人民很早就懂得保护水源地的重要性，懂得与动物和谐共生，懂得植树造林、产业发展、生活方式之间有着密不可分的关系。这就是为什么鄱阳湖的面积始终不会因为泥沙淤积问题而缩小，为什么清涨现象只有在鄱阳湖才难得一见，为什么全球95%以上的白鹤都会飞到鄱阳湖湿地越冬，为什么鄱阳湖是中国唯一进入世界生命湖泊网的成员——众水归鄱，鄱阳湖优美的生态环境只是江西整体生态环境的缩影，更是江西人民世代传承的生态文化底蕴的最好体现。

三、持续的生态实践

绿色是江西的原色和主色，"踏遍青山人未老，风景这边独好"。在深厚的生态文化底蕴的引领下，江西绿色发展的接力赛一直没有停步，坚持"一茬接着一茬干"的精神，推进生态文明建设的接力棒持续传递，让人民群众在习近平总书记提出的"青山常在、清水长流、空气常新"的良好生态环境中生产生活。

（一）生态文明建设萌芽阶段——治病与治水

严重危害人民健康的血吸虫病，在中国流行了2000多年。中华人民共和国成立前，疫区遍及江南12个省、市的350个县，患者 1000 万人，受感染威胁的人口达 1 亿人以上。20 世纪 50 年代，江西余江县的自然地理环境和当地的社会经济因素等为血吸虫病的孳生、蔓延、肆虐提供了适宜的条件，这里成为血吸虫病的重灾区之一。党中央和毛主席非常重视血吸虫病的防治工作，1953 年前后就派出 100 多名医务人员进驻重疫区余江除灭血吸虫病，治好千余人。1955 年冬，毛主席发出"一定要消灭血吸虫病"和"限期消灭血吸虫病"的伟大号召。毛主席还亲自到湖北疫区视察，在杭州亲自制订规划。1958 年 6 月，毛主席在得知余江县血吸虫病被消灭后，兴奋地写下《七律二首·送瘟神》，激励了一代代"血防人"向着"一定要消灭血吸虫病"的目标前进。

江西省委、省政府在党中央的领导下逐步引导百姓改变对血吸虫病的传统认识，推广"开新沟、填旧沟"的大面积区域治水灭螺方法，以破坏钉螺繁衍的水陆生态环境的方式截断血吸虫病的传播途径；通过疏通和拉直南阳河，兴林灭螺，使官田湖区的森林覆盖率得到大幅提高。同时，调整农产业结构，改水田为旱作，低洼地蓄水养殖，增加了农民收入，达到既治虫又治穷的目的。江西省委、省政府在治虫的同时完成了治水、治山、治穷的阶段性目标，大力改造了当地生态环境和农产业结构；通过全民动手的模式，提升了广大人民群众的卫生安全意识，这为接下来的生态环境保护工作积累了经验、提供了示范。

（二）生态文明建设初步探索——山江湖工程

江西省委、省政府于 1983 年组织 600 多名专家对鄱阳湖及赣江流域进行多学科综合考察后，提出把三面环山、一面临江、覆盖全省辖区面积 97% 的鄱阳湖流域视为一个整体，要系统治理，同时创造性地提出"治湖必须治江、治江必须治山、治山必须治穷"的治理理念，推动建设山江湖工程，拉开了江西省生态建设的大幕。山江湖工程从 1983 年迄今 30 多年，大致经历了四个阶段。

一是 20 世纪 80 年代初期为科学考察、探求工程思路阶段。1983 年，江西省委、省政府组织 600 多名自然科学和社会科学工作者，联手对鄱阳湖和赣江流域进行全面、深入的综合科学考察。经过考察发现，治理鄱阳湖的关键在于解决泥沙淤积问题，要解决泥沙淤积，只有从山区、源头和水土保持抓起。由此得出共识："治湖必须治江，治江必须治山"；山是源，江是流，湖是库，山、江、湖互相联系，共同构成了一个互为依托的大流域生态经济系统。这一科学认知，抓住了治理山、江、湖之间不可分割的内在联系，体现了山江湖工程开发治理的系统论思想。

二是 20 世纪 80 年代中后期为试验示范、培育工程典型阶段。山江湖工程的第二阶段是把治理山江湖与发展经济、脱贫致富结合起来。由于贫困人口主要集中在山区、湖区，这些地方要发展经济摆脱贫困，就必须治理山水、改善生态环境、提高生态经济系统的生产力。基于这种认识，山江湖工程进一步提出"立足生态，着眼经济，系统开发，综合治理"的方针，将山江湖工程由单纯的山水治理系统工程扩展为治山、治水、治穷相结合并融为一体的生态经济系统工程。

三是整体部署、全面推进阶段。山江湖工程的第三阶段是以 1992 年联合国环境与发展大会为契机，使山江湖工程成为《中国 21 世纪议程》首选项目之一，并纳入可持续发展理论的轨道。山江湖工程的实践，由于符合经济与环境协调发展的潮流而举世瞩目，成为江西对外宣传的重要窗口。近 30 年多来，山江湖区由昔日"山光、田瘦、人穷"的荒凉山村，逐渐呈现出"山青、水绿、人富"的喜人景象。

四是新世纪新作为阶段。1999 年 11 月，在南昌召开的流域管理国际研讨会上，专家提出新世纪中国应该建设开放的生态经济区，而江西在全国最有条件成为一个省级生态经济区。还有专家提出，生态经济发展战略是江西在新世纪的发展战略之一，其基本构想就是在山江湖工程治理的基础上提出来的。江西在高标准地搞好山江湖工程治理、进一步优化生态环境的基础上发展三大支柱产业，这三大支柱产业为：以生态农业为主的现代农业；以有机食品和绿色农产品为主的绿色产业群；以生态旅游为主的旅游业。在山江湖开发治理的具体部署中，把小流域治理开发作为基础单元，并把小流域开发与县域经济发展结合起来，形成生态经济的良性循环，从而实现经济效益、社会效益、生态效益的协调统一，把生态资源的优势转化为经济的优势。山江湖工程的顺利实施为江西省生态文明建设迈出了至关重要的一步，作为生态文明建设的初步探索，这无疑是跨时代的举措。

（三）生态文明建设逐步落实——鄱阳湖生态经济区规划

进入新世纪以来，党中央提出可持续发展战略，确立科学发展观的指导思想。对此，江西省委、省政府深入贯彻落实科学发展观，进一步确立了生态立省、绿色发展的理念，在提出"中部地区率先崛起"战略目标的同时，明确提出"既要金山银山，更要绿水青山"，确定了建设绿色生态大省的目标，打造一个经济比较发达、生态环境优美、生态文化繁荣、人与自然和谐相处的可持续发展省份。

2003 年，江西对项目的引进确立了"三个不准搞"的规定，即严重污染环境的项目不准搞，严重危害人民生命健康和职工安全的项目坚决不准搞，"黄、赌、毒"的项目不准搞。2005 年12 月，江西省委十一届十次全会提出"五化三江西"的主要任务，重点确定"创新创业、绿色生态、和谐平安江西"的战略定位，将省委、省政府经济建设重点方向与"绿色生态江西"的战略定位紧密结合。2007 年，党的十七大报告第一次提出"建设生态文明"的目标后，江西省委、省政府不断深化和创新发展理念，提出"科学发展、绿色崛起"的振兴战略，并于 2008 年年初在深入调研、反复论证的基础上，提出了建设鄱阳湖生态经济区的战略构想。继而在 2008 年的生态实践中，启动生态工业园区创建示范，出台《关于加强"五河一湖"及东江源头环境保护的若干意见》等具体政策措施。2009 年 12 月，国务院正式批复《鄱阳湖生态经济区规划》，鄱阳湖生态经济区围绕"三区一平台"的总体定位，着力构建"四大支撑体系"，即安全可靠的生态环境保护体系、调配有效的水利保障体系、清洁安全的能源供应体系、高效便捷的综合交通运输体系；重点打造"十大产业基地"，即区域性优质农产品生产基地，生态旅游基地，光电、新能源、生物及航空产业基地，改造提升铜、钢铁、化工、汽车等传统产业基地；提出了符合实际、特色明显的"两区一带"功能分区，分两个步骤、从两个层面设定三个方面的目标，其中主要设定了 13 个定量指标：鄱阳湖天然湿地面积稳定在 3100 千米^2，鄱阳湖水质稳定在III类以上，单位地区生产总值能耗 2015 年比 2008 年下降 20%、2020 年比 2015 年下降 15%，人均地区生产总值 2015 年达到 4.5 万元、2020 年达到 8 万元，城乡居民收入年均增长 8%，城镇化率 2015 年达到 50%、2020 年达到 60%。

《鄱阳湖生态经济区规划》的正式批复标志着鄱阳湖生态经济区建设上升为国家战略，更标志着江西省委、省政府着眼于国家战略全局和长远发展，在江西生态优势的基础之上，积极探索经济与生态协调发展的新模式。这是山江湖工程的生态延续，更是江西历届省委、省政府着眼未来、长期探索奋斗的绿色发展结晶。

（四）生态文明建设持续开展——国家生态文明试验区建设

党的十八大以来，以习近平同志为核心的党中央从中国特色社会主义事业"五位一体"总布局的战略高度，对生态文明建设提出了许多新思想、新观点和新论断，形成了习近平生态文明思想。2013 年，江西省委十三届七次全会提出了"发展升级、小康提速、绿色崛起、实干兴赣"的 16 字方针，"绿色崛起"成为核心要义；同年，根据党中央指示积极实施《江西省主体功能区规划》，根据不同区域的资源环境承载能力进行整体规划布局，这是江西省贯彻落实绿色发展理念的生动实践，更为生态文明建设进入新阶段打下了坚实基础。

2014 年 11 月，国家六部委正式批复《江西省生态文明先行示范区建设实施方案》（以下简称《实施方案》），江西成为首批全境列入生态文明先行示范区建设的省份之一。《实施方案》的批复，不仅推动了江西生态文明建设、在全国树立了生态文明建设的典型，更是向全球展现了中国的生态文明形象。在江西省委、省政府的高位推动下，江西各市县积极探索，逐渐提高生态公益林补偿标准；划定生态、水资源和耕地三条红线；建立河湖管理保护制度、生态文明建设考核评价体系、"多规合一"试点，用于修复和保护生态环境；对工业园区进行集中式污水处理、垃圾处理以及重点行业的脱硫、脱硝、除尘；开展农业面源污染治理。经过一系列的综合治理，江西生态优势不断巩固提升，生态文明先行示范区建设取得了积极成效。2019 年，江西省森林覆盖率稳定在 63.1%，居全国第二；设区市城区空气质量优良率达 86.2%，主要河流监测断面水质达标率达 88.6%，高于全国平均水平 17.3 个百分点；万元 GDP 能耗明显下降，生态环境质量保持在全国前列。

2015 年 3 月，习近平总书记在参加十二届全国人大三次会议江西代表团审议时，殷殷嘱托江西"走出一条经济发展和生态文明相辅相成、相得益彰的路子，打造生态文明建设的江西样板"。2016 年年初，习近平总书记视察江西时，又明确提出，绿色生态是江西最大财富、最大优势、最大品牌，一定要保护好，做好治山理水、显山露水的文章，打造美丽中国"江西样板"。同年 8 月，在总结生态文明先行示范区建设经验的基础上，通过不懈努力，江西与福建、贵州同时纳入首批国家生态文明试验区。这是对江西省委、省政府持之以恒开展生态文明建设的最大肯定，也饱含了党中央对江西生态文明建设的重大期望。江西牢记历史使命，在江西省第十四次党代会确定"决胜全面小康社会、建设富裕美丽幸福江西"的总目标，并进一步提出"创新引领、绿色崛起、担当实干、兴赣富民"的工作方针。在中央全面深化改革领导小组第三十六次会议审议通过《国家生态文明试验区（江西）实施方案》之后不久，江西就在省委十四届三次全体（扩大）会议上，重点讨论了《中共江西省委　江西省人民政府关于深入落实〈国家生态文明试验区（江西）实施方案〉的意见》。这集中体现了省委、省政府牢固树立"四个意识"、深入贯彻落实党中央和习近平总书记重要指示的自觉性、主动性、坚定性，彰显了省委、省政府推进生态文明建设、走绿色发展之路的历史担当与坚强决心。江西省委、省政府秉持绿色发展理念，凝聚全省力量以踏石留印、抓铁有痕的韧劲共同念好山字经、做好水文章、打好生态牌，以国家生态文明试验区建设为契机，着力打造生态环境保护的"江西样板"、绿色产业发展的"江西样板"、绿色制度创新的"江西样板"、绿色文化弘扬的"江西样板"、生态福祉共享的"江西样板"，彰显习近平生态文明思想在江西的实践，为我国南方生态屏障更好地发挥"江西作用"，立起"江西样板"标杆。

党的十九大报告明确指出，我们要建设的现代化是人与自然和谐共生的现代化，必须坚持节约优先、保护优先、自然恢复为主的方针，形成节约资源和保护环境的空间格局、产业结构、生产方式、生活方式。从"生态立省、绿色发展"到"绿色崛起"，从"国家生态文明先行示范区建设"到"国家生态文明试验区建设"，从打造生态文明建设"江西样板"到打造美丽中国"江西样板"，江西能有今天的绿色、生态环境，能有足够的底气向全国叫响建设国家生态文明试验区、打造美丽中国"江西样板"的豪言壮语，正是有一代代江西人民坚持保护为先，植耕深厚的文化底蕴，以牺牲局部利益换来"青山常绿、碧水长流"的美丽江西，持续护美绿水青山，久久为功培育生态文明自觉性的结果，进而实现永续发展。

第二章 践行"山水林田湖草生命共同体"理念，筑牢生态安全屏障

良好生态环境是人和社会持续发展的根本基础，保护生态环境是全社会共同的责任。江西深入贯彻落实习近平生态文明思想，牢牢坚持人与自然和谐共生基本方略，始终践行"山水林田湖草生命共同体"理念，坚持生态优先，创新生态保护和治理方式，强化山水林田湖综合治理，着力抓"全流域"系统整治、坚决打好污染防治攻坚战，着力抓"全方位"保护修复、持续提升生态系统质量。积极探索生态文明建设新模式，为全国生态文明建设提供"江西智慧"。近年来，江西不断巩固和提升生态优势，让青山、碧水、蓝天成为"江西风景独好"的亮丽名片，让"生态美"永驻赣鄱大地。

第一节 "山水林田湖草生命共同体"理念

2013 年 11 月，习近平总书记在《关于〈中共中央关于全面深化改革若干重大问题的决定〉的说明》中针对生态环境治理中所存在的"九龙治水"弊端，指出"山水林田湖是一个生命

共同体,人的命脉在田,田的命脉在水,水的命脉在山,山的命脉在土,土的命脉在树。"①这是首次提出"山水林田湖生命共同体"理念。2017年7月,习近平总书记在中央全面深化改革领导小组第三十七次会议上指出"坚持山水林田湖草是一个生命共同体"②,将"草"纳入生命共同体范畴,对生态系统各要素的相互依赖有了更深层次的理解。党的十九大报告明确指出,"人与自然是生命共同体,人类必须尊重自然、顺应自然、保护自然"③,"像对待生命一样对待生态环境,统筹山水林田湖草系统治理"④。习近平总书记反复强调生命共同体理念绝非偶然,是对人与自然关系以及自然要素之间关系的深度揭示,是对尊重自然的生态价值观的倡导。一言以蔽之,生命共同体理念的核心要义就在于强调人与自然之间是共生共存共荣的生命共同体,生态系统各自然要素之间是相互依存、有机联系的。"山水林田湖草生命共同体"理念蕴含着以下两层含义。一是人与自然之间的生命共同体,习近平总书记指出:"人因自然而

---

① 习近平:《习近平谈治国理政》,北京:外文出版社,2014年版,第85页。

② 《敢于担当善谋实干锐意进取　深入扎实推动地方改革工作》,载《人民日报》,2017年7月20日。

③ 习近平:《决胜全面建成小康社会　夺取新时代中国特色社会主义伟大胜利——在中国共产党第十九次全国代表大会上的报告》,北京:人民出版社,2017年版,第50页。

④ 习近平:《决胜全面建成小康社会　夺取新时代中国特色社会主义伟大胜利——在中国共产党第十九次全国代表大会上的报告》,北京:人民出版社,2017年版,第24页。

生，人与自然是一种共生关系。"①人与自然是互赖共生、相互依存的关系，人离不开自然，自然亦离不开人。"人直接地是自然存在物"②，人的衣食住行都离不开自然提供的资源，"良好的生态环境是人和社会持续发展的根本基础"③，因而人离不开自然。同时，自然界也离不开人的存在，正是由于人的实践活动使"自在自然"向"自为自然"转变，是"人化自然"。这些生活资料是"自然界离开了人便不能生产出来的。"④也就是说，自然离开了人，自然世界就是无。因此要通过人与自然之间的和谐共生实现良性循环，推动构建人与自然和谐共生的现代化建设格局。二是自然各要素之间的生命共同体，即"山水林田湖草生命共同体"。习近平总书记形象地指出："人的命脉在田，田的命脉在水，水的命脉在山，山的命脉在土，土的命脉在树。"⑤揭示了自然各要素之间是相互联系的，牵一发而动全身。基于此，习近平总书记提出要用系统论的思想方法思考问题，"生态系统是一个有机生命躯体，应该统筹治水和治山、治水和治林、治水和治田、治山和治林等。"⑥因而，我们要遵循自然规律，

---

① 中共中央文献研究室：《习近平关于社会主义生态文明建设论述摘编》，北京：中央文献出版社，2017 年版，第 11 页。

② 《马克思恩格斯文集》第 1 卷，北京：人民出版社，2009 年版，第 209 页。

③ 中共中央文献研究室：《习近平关于社会主义生态文明建设论述摘编》，北京：中央文献出版社，2017 年版，第 45 页。

④ 《马克思恩格斯全集》第 26 卷，北京：人民出版社，2014 年版，第 756 页。

⑤ 中共中央文献研究室：《习近平关于社会主义生态文明建设论述摘编》，北京：中央文献出版社，2017 年版，第 47 页。

⑥ 中共中央文献研究室：《习近平关于社会主义生态文明建设论述摘编》，北京：中央文献出版社，2017 年版，第 56 页。

对山水林田湖草进行系统保护、统一修复。山水林田湖草生命共同体和人与自然之间的生命共同体实为一个问题的两个方面，山水林田湖草生命共同体为人与自然的生命共同体提供生态基础，人与自然的生命共同体则是山水林田湖草生命共同体的价值旨归。质言之，人与自然之间"只有保持物质变化不断进行下去，才能保持'生命共同体'的稳定状态。"①

一、人与自然是生命共同体

人与自然的关系是亘古以来备受关注的一个重要命题。早在唯物史观创立之初，马克思、恩格斯就把历史划分为自然史和人类史加以考察，并指出自然史和人类史不可分割、彼此相互制约。马克思、恩格斯对人与自然的关系进行了深入的探讨，指出"第一个需要确认的事实就是这些个人的肉体组织以及由此产生的个人对其他自然的关系。"②首先，人是自然界长期演化的产物。恩格斯在《反杜林论》中指出："人本身是自然界的产物，是在自己所处的环境中并且和这个环境一起发展起来的。"③揭示了人类源于自然界，由自然而成，是自然界长期演进、自我发展的产物。自然界是人赖以生存和发展的基础，自然界是"人的无机身体"，人依靠自然界生活。一方面，自然界为人提供直接的生活资料。不容忽视的事实是，自然界是所有

---

① 张云飞：《"生命共同体"：社会主义生态文明的本体论奠基》，载《马克思主义与现实》，2019 年第 2 期，第 30~38 页。
② 《马克思恩格斯文集》第 1 卷，北京：人民出版社，2009 年版，第 519 页。
③ 《马克思恩格斯文集》第 9 卷，北京：人民出版社，2009 年版，第 38 页。

生命体的支撑系统，人类也不例外。与动物一样，人靠无机界生活，自然界是人的生活和人的活动的一部分。另一方面，自然界为人类劳动提供生产资料。"没有外部自然界，没有感性的外部世界，工人什么也不能创造。"[①]也就是说人离开自然界将一事无成。其次，人具有能动性，通过实践改造自然。人不是自然的主宰，但却是所有生物体中唯一具有意识的群体。恩格斯指出："如果说动物对周围环境发生持久的影响，那么，这是无意的，而且对于这些动物本身来说是某种偶然的事情。"[②]而相对于动物，人的实践活动是事先经过思考后的产物，是有计划的并具有明确的目的的。关于人的能动性，恩格斯在《自然辩证法》中指出："我们不要过分陶醉于我们人类对自然界的胜利。对于每一次这样的胜利，自然界都对我们进行报复。每一次胜利，起初确实取得了我们预期的结果，但是往后和再往后却发生完全不同的、出乎预料的影响，常常把最初的结果又消除了。"[③]人类社会正是在人们认识、利用、改造、适应自然的过程中不断发展的，在这个过程中人和自然之间是互相影响的、互相作用的。劳动的异化使人与自然之间原本和谐统一的关系逐渐走向了对立，因此，只有遵循自然规律，追求实现"人与自然的和解"，才能消除人与自然之间的异化。简而言之，人与自然是处在一个须臾不可分割的有机整体之中，并且相互影响，

---

① 《马克思恩格斯文集》第 1 卷，北京：人民出版社，2009 年版，第 158 页。
② 《马克思恩格斯文集》第 9 卷，北京：人民出版社，2009 年版，第 558 页。
③ 《马克思恩格斯文集》第 9 卷，北京：人民出版社，2009 年版，第 559～560 页。

"因为在自然界中任何事物都不是孤立发生的。每个事物都作用于别的事物，反之亦然。"① 可见，人与自然以及自然各要素之间就是一个复杂的、互为依存的生态系统。

中国传统文化视人与天地万物为一个相互联系的有机整体，认为它们都是由同一宇宙本原所创生，因而都是有生命的存在物，相互之间处在血肉相依的生态联系之中。早在周代，就有天地人"三才"之表述，即天地人是一个统一的整体。老子在《道德经》中提出"人法地，地法天，天法道，道法自然"（《道德经》第二十五章），在老子看来，天、地、人三才合一，才能使整个世界呈现出和谐安宁、充满生机的景象。由"道"生成的天地万物是一个整体，天道与人道、人与自然是一个统一的整体。"道"是天地万物之源，是支配制约天地万物的总法则，宇宙间的一切自然之物以"道"为最大的共性和最初的本原，以此构成为有机统一的整体。老子认为，无论天地万物形态如何变幻，都离不开其固有的本质，"域中有四大，而人居其一焉"，人是自然界的一部分，是天地万物中最有智慧的。但是，人与自然界一样，皆是以"道"为本原的有机统一体。世间万物都依靠"道"的养育而生长，因此，道家认为人与自然要和谐相处，"万物负阴而抱阳，冲气以为和"（《道德经》第四十二章）。世间万物皆是由阴阳共同组成，彼此之间相互联系，和谐共处。中国古代"天人合一"的生态观立足实现人与自然的

---

① 《马克思恩格斯文集》第9卷，北京：人民出版社，2009年版，第558页。

和谐，主张人应顺应自然的规律，自律性地利用自然，探寻与自然长久共生、共存、共处、共荣。

习近平总书记在继承发展马克思、恩格斯关于人与自然关系的思想，吸收借鉴中国传统文化中关于"天人合一"的生态观的基础上，结合中国生态文明建设实践，提出了人与自然是生命共同体理念。习近平总书记把构成自然生态系统的"山水林田湖草"视为有生命的要素，以"命脉"将人与山水林田湖草联系在一起，深刻揭示了人与自然之间的相互依存的整体性关系。山水林田湖草各要素由于物质运动和能量转移，形成一个生命共同体，如果其中某一要素受破坏，整个生态系统就会产生连锁反应。人与自然是互为条件、相互依存、和谐共生关系基础上的有机系统与统一整体，两者之间的关系不可分割、密切联系。

二、人与自然应和谐共生

人与自然是生命共同体，在共同体内部，各组成要素相互依存、相互影响，在遵循自身演进规律的基础上和谐共生。2016 年 1 月，在省部级主要领导干部学习贯彻党的十八届五中全会精神专题研讨班上的讲话中，习近平总书记指出："人因自然而生，人与自然是一种共生关系，对自然的伤害最终会伤及人类自身。"① "绿色发展，就其要义来讲，是要解决好人与自

---

① 习近平：《习近平谈治国理政》第二卷，北京：外文出版社，2017 年版，第 394 页。

然和谐共生问题。"①依此推论，既然人与自然是生命共同体，那么人类就应该与自然和谐共生，否则，伤害自然最终必将伤害人类自身。习近平总书记用鲜活的案例揭示人与自然生命共同体各要素之间的相互依存关系。习近平总书记在考察青海工作后指出："三江源地区有的县，三十多年前水草丰美，但由于人口超载、过度放牧、开山挖矿等原因，虽然获得经济超速增长，但随之而来的是湖泊锐减、草场退化、沙化加剧、鼠害泛滥，最终牛羊无草可吃。"②对于古今中外的这些深刻教训，我们必须汲取，不能重犯，要坚持人与自然和谐共生。在党的十九大报告中，习近平总书记进一步强调坚持人与自然和谐共生，像对待生命一样对待生态环境，建设美丽中国。要牢固树立社会主义生态文明观，推动形成人与自然和谐共生的现代化建设新格局。

为实现人与自然和谐共生，人类必须尊重自然、顺应自然、保护自然。人与自然生命共同体理念必然要求人类在寻求自身生存和发展的过程中，要尊重自然、顺应自然、保护自然，要保护自然生态系统的完整和稳定。尊重自然的关键在于尊重自然界自身的规律，顺应自然的核心是顺势而为地与自然和谐相处，保护自然的要义在于维系自然的自我修复能力。③2016 年

---

① 习近平：《习近平谈治国理政》第二卷，北京：外文出版社，2017 年版，第 207 页。
② 中共中央文献研究室：《习近平关于社会主义生态文明建设论述摘编》，北京：中央文献出版社，2017 年版，第 13～14 页。
③ 宋献中、胡珺：《理论创新与实践引领：习近平生态文明思想研究》，载《暨南学报（哲学社会科学版）》2018 年第 1 期，第 2～17 页。

8月24日，习近平总书记在青海考察工作结束时的讲话中指出："生态环境是人类生存最为基础的条件，是我国持续发展最为重要的基础。'天育物有时，地生财有限。'生态环境没有替代品，用之不觉，失之难存。人类发展活动必须尊重自然、顺应自然、保护自然，否则就会遭到大自然的报复。这是规律，谁也无法抗拒。"[①]人类的命运和人类所处的大自然息息相关、休戚与共。尽管人具有主观能动性，能够通过人的创造性活动改造和利用自然，但要牢记，人始终是自然生态系统的一员，人类不能对大自然为所欲为。事实上人类之所以能够统治和占有自然界，"就在于我们比其他一切生物强，能够认识和正确运用自然规律。"[②]为此，人类应该尊重自然、敬畏自然、善待自然，认真研究自然规律，并遵循自然规律进行开发和利用。反之，如果人类违背自然规律，对自然进行破坏，必然招致自然的疯狂报复。改革开放40多年以来，"我们也积累了大量生态环境问题，成为明显的短板，成为人民群众反映强烈的突出问题。"[③]习近平总书记多次引用恩格斯的名言"如果说人靠科学和创造性天才征服了自然力，那么自然力也对人进行报复。"[④]其告诫人们要善待自然。早在2005年，习近平总书记就指出："你善待环境，环境是友好的；你污染环境，环境总有一天会翻脸，会毫不留

---

① 中共中央文献研究室：《习近平关于社会主义生态文明建设论述摘编》，北京：中央文献出版社，2017年版，第13页。
② 《马克思恩格斯文集》第9卷，北京：人民出版社，2009年版，第560页。
③ 中共中央文献研究室：《习近平关于社会主义生态文明建设论述摘编》，北京：中央文献出版社，2017年版，第11页。
④ 《马克思恩格斯文集》第3卷，北京：人民出版社，2009年版，第336页。

情地报复你。这是自然界的规律，不以人的意志为转移。"①在人与自然进行物质变换的过程中，人只有在深刻把握自然界的客观规律的情况下，才能有效地利用和改造自然界，实现人自身的需要。诚如习近平总书记所指出："建设生态文明，首先要从改变自然、征服自然转向调整人的行为、纠正人的错误行为。要做到人与自然和谐，天人合一，不要试图征服老天爷。"②需要指出的是，自然界是不以人的意志为转移的客观存在，人是自然的一部分，人应该尊重自然、顺应自然、保护自然，两者一荣俱荣、一损俱损，但人类应该在遵循自然规律的基础上，充分发挥主观能动性，利用自然和改造自然，不断创造财富以满足人们日益增长的美好生活需要，让自然界更好地服务于人类的生存和精神需要。

三、以系统性思维推进生态环境保护

问题是时代的口号、创新的起点，"坚持问题导向是马克思主义的鲜明特点"③。当前我国生态治理陷入生态环境问题此消彼长的恶性循环的主要原因就在于各级政府和社会公共组织在生态环境治理方面缺乏整体性、系统性、科学性。习近平总书记高度重视运用马克思主义唯物辩证法指导工作实际，强调推进

---

① 习近平：《之江新语》，杭州：浙江人民出版社，2007 年版，第 141 页。
② 中共中央文献研究室：《习近平关于社会主义生态文明建设论述摘编》，北京：中央文献出版社，2017 年版，第 24 页。
③ 习近平：《在哲学社会科学工作座谈会上的讲话》，载《人民日报》，2016 年 5 月 19 日。

改革要突出系统性思维。十八届中央政治局第二十次集体学习时，习近平总书记强调："全面深化改革，要突出改革的系统性、整体性、协同性。要坚持系统地而不是零散地、普遍联系地而不是单一孤立地观察事物。"①在生态文明建设方面，习近平总书记始终把生态环境视为一个普遍联系和不断运动变化的统一整体来考察，山水林田湖草是一个相互依存、联系紧密的自然系统，因而，开展生态文明建设要遵循统筹兼顾、整体施策、多措并举的原则。

自然生态是一种客观而具有内在有机联系的整体，因此需要以整体性思维推进生态环境保护。人与生命共同体中的其他生物体之间的相互依存关系决定了生态环境保护决不能简单地"头痛医头""脚痛医脚"。遵循山水林田湖草是一个生命共同体理念，统筹山水林田湖草系统治理，将有助于促进生态系统这个生命共同体的协调发展。生态环境保护并不是简单的环境保护领域的事情，它不仅涉及经济建设和生态建设，还涉及政治建设、文化建设、社会建设等众多领域。唯有运用整体性思维，从整体性生态环境保护的战略高度，开展多角度、全方位、深层次的生态文明建设工作，树立预防、治理、保护并举的建设理念，将生态文明建设融入经济建设、政治建设、文化建设、社会建设的各个方面和全过程。生态文明建设"应该融入工业化、信息化、城镇化、农业现代化过程中，要同步进行，不能

① 习近平：《坚持运用辩证唯物主义世界观方法论　提高解决我国改革发展基本问题本领》，载《人民日报》，2015 年 1 月 25 日。

搞成后再改造。"①要将生态环境保护作为一个复杂的系统工程，才能在生态环境保护的系统性、整体性和协同性基础上产生良好的生态环境保护效益。要将生态环境保护融入全过程，从源头进行控制，对过程进行监管、对后果进行整治。生态环境保护事关人与自然生命共同体中的每个人，为此，习近平总书记提出要实现全民共治，强化综合治理，要在全社会推动形成生态文明建设的强大合力。要强化政府、企业、社会公众、非政府组织等多元主体共治的思维。

习近平总书记指出，生态文明建设需要树立战略思维、系统思维和底线思维，要全面统筹生态文明建设。主张遵循自然规律进行用途管制和生态环境保护，他指出"用途管制和生态修复必须遵循自然规律，对山水林田湖进行统一保护、统一修复是十分必要的。"②对自然生态环境的保护与治理是一项复杂的系统工程，需要以整体性的眼光、系统性的思维，尊重客观规律，重视共同体内部各要素之间的相互联系。习近平总书记指出，我国在生态治理过程中出现的诸如单一治理、碎片式治理等问题源于未能宏观把握生态治理过程中人与自然的关系，而"山水林田湖草生命共同体"理念启示我们反思其所蕴含的规律。生态环境保护、修复与治理必须按照系统的整体性、系统性及其内在规律统筹考虑。种树、治水、护田、护林、护草

---

① 中共中央文献研究室：《习近平关于社会主义生态文明建设论述摘编》，北京：中央文献出版社，2017年版，第43页。

② 习近平：《习近平谈治国理政》，北京：人民出版社，2014年版，第85页。

等不能各自为政，而应该从山水林田湖草是有机统一整体的辩证思维出发，将种树、治水、护田、护林、护草的各方资源和力量有机整合，打破区域、流域和陆海界限，打破行业和生态系统要素界限，从促进生态系统优化的角度加以管制、保护和修复。要统筹考虑人与自然要素之间以及各个自然要素之间的唇齿相依的联系，以整体性思维、系统治理和协同治理手段完善生态环境保护、修复与治理。2014 年 3 月 14 日，在中央财经领导小组第五次会议上，习近平总书记指出："要用系统论的思想方法看问题，生态系统是一个有机生命躯体，应该统筹治水和治山、治水和治林、治水和治田、治山和治林等。"[①]如果各自为政，"种树的只管种树、治水的只管治水、护田的单纯护田，很容易顾此失彼，最终造成生态的系统性破坏。"[②]自然界是由森林、水、空气、山川、动植物等共同构成的一个有机整体。虽然各构成要素所承担的功能各不同，如水为自然界提供水源，森林等为自然界的生物提供庇护场所，动植物为自然物质进行交换提供载体，但各要素之间相互影响、相辅相成，如果破坏了共同体中的任何一个，就破坏了共同体的整体性，其他构成部分必受影响。对山水林田湖草进行用途管制和生态修复必须遵循自然规律。山水林田湖草是一个生命共同体，是维系中华民族永续发展的生态屏障，只有筑牢生态安全屏障，才能让山

---

① 中共中央文献研究室：《习近平关于社会主义生态文明建设论述摘编》，北京：中央文献出版社，2017 年版，第 56 页。

② 中共中央文献研究室：《习近平关于社会主义生态文明建设论述摘编》，北京：中央文献出版社，2017 年版，第 47 页。

川林木葱郁，让大地遍染绿色，让天空湛蓝清新，让河湖鱼翔浅底，让草原牧歌欢唱。山水林田湖草各有其权益，更是休戚与共的生命共同体，因此必须以整体性思维、系统性思维、协同性思维，打破各部门之间利益固化的藩篱，以更高层面的协调机制和治理机制对山水林田湖草进行统一管制、保护和修复。以整体论的方法进行生态资源与环境治理的制度性、规范性顶层设计；必须以系统论的方法进行区域内的生态资源与环境治理的综合性、平衡性中层规划；必须以协同论的方法进行全社会范围的生态资源与环境治理的责任性、使命性的微观落实。①

四、积极参与全球生态合作治理

马克思、恩格斯所预见的"历史向世界历史转变"的趋势日益突出，生态问题和生态危机已经成为全球性问题和全球性危机，人类已经成为共生共存的生命共同体。诚如习近平总书记所指出的："这个世界，各国相互联系、相互依存的程度空前加深，人类生活在同一个地球村里，生活在历史和现实交汇的同一个时空里，越来越成为你中有我、我中有你的命运共同体。"②地球是人类共同的家园，因而"我们应该共同呵护好地球家园，为了我们自己，也为了子孙后代，我们应该坚持人与自然共生共存的理念，像对待生命一样对待生态环境，对自然心存敬畏，

---

① 耿步健、仇竹妮：《习近平生命共同体思想的科学内涵及现实意义》，载《财经问题研究》2018 年第 7 期，第 23～29 页。
② 习近平：《习近平谈治国理政》，北京：外文出版社，2014 年版，第 272 页。

尊重自然、顺应自然、保护自然，共同保护不可替代的地球家园。"[1]面对全球生态危机，中国向全世界表明，中国以最大的决心和积极的态度全面推进生态文明建设。习近平总书记反复强调，气候变化关乎全人类的生存与发展，需要在全球范围内采取及时有力的行动。2018 年 5 月 18 日，习近平总书记在全国生态环境保护大会上呼吁各国携手合作共同应对气候变化，保护好人类赖以生存的家园。面对全球气候变化问题，中国一直本着负责任的态度积极、建设性参与全球气候治理，推动构建合作共赢、公平合理的全球气候治理体系，提出中国方案，贡献中国智慧。中国已经将应对气候变化全面融入国家经济社会发展的总战略，采取切实行动应对气候变化。经过努力，目前中国已经成为世界节能和利用新能源、可再生能源第一大国。为应对全球气候变化，中国倡议二十国集团发表了首份气候变化问题主席声明，率先签署了《巴黎协定》。2015 年 6 月，中国向联合国提交应对气候变化的国家自主贡献，反映了中国应对气候变化的最大努力，体现了中国深度参与全球治理、推动全人类共同发展的责任担当。

此外，我们也必须正视这一事实：举目全世界"没有哪个国家能够独自应对人类面临的各种挑战"[2]。单靠一个国家，不

---

① 习近平：《携手建设更加美好的世界——在中国共产党与世界政党高层对话会上的主旨讲话》，载《人民日报》，2017 年 12 月 2 日。
② 习近平：《决胜全面建成小康社会　夺取新时代中国特色社会主义伟大胜利——在中国共产党第十九次全国代表大会上的报告》，北京：人民出版社，2017 年版，第 58 页。

管这个国家综合国力如何，都不可能真正解决全球性的问题，唯有国与国之间加强合作，才能解决全球生态环境问题。正是基于此，中国一贯秉持"开放合作"的原则和理念并向国际社会宣示"中国将继续承担应尽的国际义务，同世界各国深入开展生态文明领域的交流合作"①。"我们要坚持同舟共济、权责共担，携手应对气候变化、能源资源安全、网络安全、重大自然灾害等日益增多的全球性问题，共同呵护人类赖以生存的地球家园。"②在全球生态治理方面，要加强合作，学习借鉴国际社会在生态环境保护方面的先进理念、前沿技术和体制机制建设等有益经验。

"山水林田湖草生命共同体"理念植根于中国优秀传统文化，继承和发展了马克思主义关于人与自然关系的理论。正确审视人与自然的关系，遵循自然规律，是破解生态环境难题的要义。"山水林田湖草生命共同体"理念丰富了中国特色社会主义生态文明建设理论。改革开放以来，邓小平、江泽民、胡锦涛等党和国家领导人都很重视生态建设，提出要保持"生态平衡"、实现"生态可持续"、统筹"人与自然和谐发展"等。习近平总书记从生命共同体的高度提出要统筹山水林田湖草系统治理，系统推进生态文明建设，实现人与自然和谐共生。

---

① 习近平：《致生态文明贵阳国际论坛 2013 年年会的贺信》，载《人民日报》，2013 年 7 月 21 日。
② 中共中央文献研究室：《习近平关于社会主义生态文明建设论述摘编》，北京：中央文献出版社，2017 年版，第 128 页。

第二节 "山水林田湖草生命共同体" 理念在江西的生动实践

《国家生态文明试验区（江西）实施方案》将打造山水林田湖草综合治理样板区作为江西省建设国家生态文明试验区的战略定位之一，明确提出要把鄱阳湖流域作为一个山水林田湖草生命共同体，统筹山江湖开发、保护与治理，建立覆盖全流域的国土空间开发保护制度，深入推进全流域综合治理改革试验，全面推行"河长制"，探索大湖流域生态、经济、社会协调发展新模式。在"山水林田湖草生命共同体"理念指导下，江西生态优势进一步巩固，据《江西省 2018 年国民经济和社会发展统计公报》显示，江西森林覆盖率稳定在 63.1%，国家考核断面水质优良率为 92%，优良天数比例为 88.3%，空气中的 SO_2、PM_{10}、NO_2 浓度均达到国家二级标准。[1]

一、坚持系统性保护，构筑山水林田湖草生命共同体

（一）流域保护：从治水到陆水统筹

要打破"种树只管种树、治水仅顾治水、护田单纯护田"的意识误区，关键在于实施系统治理，推进流域综合管控。在

---

[1] 江西省统计局：《江西省 2018 年国民经济和社会发展统计公报》，http://tjj.jiangxi.gov.cn/resource/uploadfile/file/20190321/20190321145207214.pdf.

流域管理方面，江西持续接力探索。20 世纪 80 年代初，江西提出了"治湖必治江、治江必治山、治山必治贫"的生态系统修复与社会系统协调发展的理念。在山江湖综合治理方面取得了巨大成就、积累了丰富经验，被誉为可持续发展的典范。江西遵循山水林田湖草生命共同体建设要求，强化系统治理，全面提高水环境质量。树立系统思维、全域理念，以"五河两岸一湖一江"全流域整治为重要抓手，坚持河湖同治、水陆共治。

加强水源地和岸线保护，保障水安全。水是生命之源、生产之要、生态之基，对水资源进行有效保护以及高效利用，关涉我国生态文明建设战略实施、人类健康生存与发展。江西历来高度重视水资源的保护及管理，实行严格的水资源管理制度。为切实加大水污染防治力度，保障水环境安全，江西省政府出台了《江西省水污染防治工作方案》，推进饮用水水源保护规范化整治，加强饮用水安全监督，建设水源地应急体系，保障饮用水安全。2013 年，江西省政府批准了《江西省河道（湖泊）岸线利用规划》，设置了岸线功能区，加强河湖水域岸线保护。水源地和岸线保护保证了水质的安全。2016 年起施行的《江西省水资源条例》制定了三条最严水资源管理红线，即水资源开发利用控制红线、用水效率控制红线、水功能区限制纳污红线。不仅对水量作出指标控制，还规定用水效率，水资源控制指标体系覆盖省、市、县三级政府。近年来，江西全省各地加强河湖管理保护，开展饮用水水源地环境保护专项行动，对违法问题进行排查整治，取得了明显成效。据报道，2018 年上半年江西省地级城市和县级城市集中式饮用水水源水质监测点次达标率分别为 97.5%、99.5%。①江西各地为保护水资源，积极进行探索。东江源是香港同胞饮用水发源地，三百山是东江的发源地，是香港同胞饮用水的源头。几十年来，安远人始终坚持"一定要保护好东江源头水"这一历史使命。通过常态化的巡查和实施严格的"三禁、三停、三转"，有效地提升了当地生态环境的管护效率，源头水质达到可直接饮用的国家Ⅰ类水标准。

实施河湖流域治理工程，狠抓环境系统性保护。党的十八大以来，江西省践行"山水林田湖草生命共同体"理念，坚持"立足生态、着眼经济、系统开发、综合治理"的方针，探索出大湖流域生态、经济、社会协调发展新模式。突出生命共同体的完整性，综合运用经济、技术和行政等多种手段，对山上山下、陆地水面以及流域上下游进行整体保护、系统修复、综合治理，提升生态功能。赣州市因地制宜创新小流域治理模式。该模式以综合治理为主，依托地形特征、山水林田湖景观特点以及人文景观，实施培育典型植被、建设农田设施等举措，形成水土保持示范区，以实现示范推广、经济产业、旅游休闲等主要功能的均衡发展。加强生态清洁型小流域建设，配套完善小型集蓄水工程，加强沟道综合治理。针对山体支离破碎、千沟万壑的特征，突出封禁管护和水源涵养植被建设，维护水源涵养功能，开展崩塌防治，减轻山洪灾害，防止土壤流失。发

---

① 中国新闻网：《江西启动"2018 年环保赣江行"　剑指饮用水安全》，http://www.chinanews.com/gn/2018/08-24/8609729.shtml.

展特色林果经济，推广生态经济发展模式，规范果园合理开发与生态建设模式，营造油茶、柑橘等多品种经济果木林，开展生态果园节污导流工程。小流域治理模式将土壤治理与森林保护、水源涵养、果树林业资源发展、旅游休闲等有机融合起来，使经济发展和水土治理有机结合，真正实现了经济发展与环境保护"两不误"。

（二）森林资源保护：从扩面到提质

森林之于人类的重要性不言而喻，关乎人类文明的兴衰成败。恩格斯在考察古代文明衰落的原因时指出"美索不达米亚、希腊、小亚细亚以及其他各地的居民，为了得到耕地，毁灭了森林，但是他们做梦也想不到，这些地方今天竟因此而成为不毛之地，因为他们使这些地方失去了森林，也就失去了水分的积聚中心和贮藏库。"[①]尽管江西森林覆盖率居全国第二位，但森林整体质量不高，基于此，江西着力提高森林质量，坚持数量质量并重、质量优先。自改革开放以来，江西实施了"灭荒造林"、"山上再造"和"森林城乡、绿色通道"建设等一系列林业发展战略，实施了天然林资源及生态公益林保护、防护林、退耕还林等系列林业重点工程。坚持封山育林、人工造林并举；重视提升森林组成、结构、功能，按照宜封则封、宜造则造、宜林则林、宜灌则灌、宜草则草的原则进行规划；实施森林质

---

① 《马克思恩格斯文集》第9卷，北京：人民出版社，2009年版，第559页。

量精准提升工程等，取得了显著效果，全省森林覆盖率已由20世纪80年代末的36%上升到2019年的63.1%。

2016年，抚州市率先在全国实施"山长制"，随后，武宁县在全国率先实施"林长制"，取得了成功经验，产生了良好的影响。2018年，江西省委、省政府在总结"山长制""林长制"经验的基础上，创新保护森林生态环境，出台《关于全面推行林长制的意见》，在全省建立覆盖省、市、县、乡、村五级，以林长负责制为基础的林长制管理体系，实现"山有人管、树有人护、责有人担"。江西省政府出台了《关于实施低产低效林改造 提升森林资源质量的意见》，通过封山育林、林相改造、林木抚育、生态修复等技术措施，积极开展低质低效林改造。江西省林业厅出台《关于加强天然林保护工作的实施意见》，严格落实林地定额管理制度，建立林地年度变更调查和森林资源数据更新常态化机制，完善森林资源管理监督检查机制，加大资源监管力度。加强森林防火预防、扑救和保障"三大体系"建设，加大对非法侵占林地及湿地资源、破坏古树名木、乱砍滥伐林木和猎捕候鸟等野生动物资源违法犯罪的打击力度。将省级以上自然保护区、森林公园、重要湿地和湿地公园以及省级以上生态公益林纳入生态红线保护。实行严格的林地定额管理，在全省范围内全面停止天然林商品性采伐。采取"一约谈、四暂停"措施，对森林资源管理混乱，特别是乱征滥占林地的县（市）实施重点整治。

江西持续抓好森林质量提升工作，实施好以赣南等原中央苏区为重点的低产低效林改造工程，不断扩大森林资源面积、优化森林资源结构、增强森林生态功能，培育健康稳定、优质高效的森林生态系统；按照"美化、彩化、珍贵化"要求，以主要高速公路、高铁沿线、长江干流（江西段）沿岸带、风景名胜区周围等区域为重点，抓好适生优质珍贵树种、彩叶树种的新造和补植补造，提升绿色景观水平，充分发挥这些重要区域的生态功能、景观功能和服务功能，使江西从"绿化江西"跨越到"彩化江西"。如崇义县高度重视林业现代化建设，始终坚持高质量发展，实施森林质量精准提升工程。崇义县是典型的山区县，森林覆盖率高达 88.3%，其中针阔混交林和天然阔叶林占 52%，乔木林每公顷蓄积量达 117 米^3，均高于全国和世界的平均水平，全国极为少有。多年来，该县在注重森林资源培育、提升森林质量的同时，不断加大森林资源保护力度，坚持依法治林，创新林政管理机制体制，有效促进了该县森林资源持续快速增长，实现了森林资源总量和质量双增长的目标。坚持生态为基，落实保护发展森林目标责任制，坚持源头为本，形成县、乡、村"三位一体"管理网络，坚持采育为魂，建立森林资源保护发展长效机制，创新林龄排序采伐制度、创新森林经营方案发展路径、创新数字管理监测平台、创新综合执法管理体系。

此外，江西积极探索森林经营模式。按照"因地制宜、科学改造"的原则，结合低产低效林现状、立地条件和经营主体意愿，自主选择"造、补、封、抚"等多种改造方式。江西省以实施低产低效林改造、提升森林资源质量为契机，依托营造林项目建设，总结和探索出了符合江西实际的四种森林经营模式。一是高丘山地大径材培育模式。对东部、西部、南部山区，主要采取抚育间伐、更新改造等措施，重点培育大径材。如崇义县结合全国森林经营样板基地建设，总结摸索出了"斩除藤灌草、确定目标树、采伐干扰树、补植加管护"的天然阔叶次生林改培技术，以及杉木近自然经营改造、乡土阔叶树种人工林抚育间伐等经营模式。二是生态脆弱地区马尾松纯林质量提升模式。赣南等原中央苏区大面积的马尾松纯林虽已达到有林地标准，但林木生长不良，林下植被稀少，水土流失依然严重。通过对马尾松低产低效林补植乡土阔叶树，增加了生物多样性，森林生态功能得到了恢复，林业有害生物得到了有效防控，森林火险等级明显降低。三是低丘岗地天然次生林质量提升模式。江西省丘陵岗地面积占全省国土面积的 54%，丘陵岗地森林质量提升是全省森林质量提升的一个重点。德安县结合"中德财政合作造林项目"，对低丘岗地天然次生林进行质量提升，通过封山育林、抚育间伐，培育针阔混交林。四是珍贵树种培育模式。通过在低产低效林中补植或更新改造乡土珍贵树种，发展珍贵树种产业。如吉安市结合杉木大径材培育发展珍贵楠木产业，不仅培育了杉木大径材，还发展了楠木产业。

（三）湿地保护：从"封禁严管"到"科学利用"

湿地是生命之源。湿地与人类的生存发展休戚相关，湿地不仅为人类的生产生活提供多种资源，而且在保护环境方面起着不可或缺的重要作用，被称为"地球之肾"。江西历来重视湿地的保护，成效明显。江西湿地资源丰富，湿地保有量连续 5 年保持稳定，占全省国土面积的 5.45%。[①]鄱阳湖作为我国最大的淡水湖泊湿地，是我国唯一加入世界生命湖泊网的湖泊。

　　早在 2003 年，江西省成立了江西省鄱阳湖湿地保护综合协调领导小组，为解决和协调湿地保护管理工作中出现的重大问题建立了协调机制。2006 年，江西省在全国率先成立了独立的省级湿地保护管理机构——江西省林业厅湿地保护管理办公室。各市、县（区）也相继成立了湿地保护管理机构。《江西省湿地保护条例》于 2012 年 5 月 1 日起施行，对湿地主管部门予以明确，并对征占用重要湿地和城区湿地、向湿地引入生物新品种等事项作出规定。为研究和解决湿地保护工作中的重大问题，2014 年 1 月，江西省鄱阳湖湿地保护综合协调领导小组更名为江西省湿地保护综合协调小组。2017 年，为贯彻落实国务院《湿地保护修复制度方案》，江西省政府出台《湿地保护修复制度实施方案》，开启了全面保护湿地的新篇章。江西省质量技术监督局发布了《江西省重要湿地确定指标》，标志着江西省重要湿地认定日趋规范化、科学化。

　　实行湿地资源总量管理。江西省于 2011—2013 年开展了第二次全省湿地资源调查工作，对全省 13495 块湿地进行调查，

---

① 《关于江西省生态文明建设和生态环境状况的报告》，载《江西日报》，2017 年 2 月 16 日。

为湿地保护管理提供了科学依据和决策依据，在此基础上完成全省湿地规划一张图的绘制工作。划定了省内各地湿地面积保有量和全省湿地生态保护红线，成为全国首个建立全省湿地资源综合数据库的省份。将所有自然湿地纳入保护范围，建立鄱阳湖湿地监测评价预警机制，探索制定湿地生态系统损害鉴定评估办法。2017 年，江西省政府办公厅印发《湿地保护修复制度实施方案》，明确提出湿地面积总量管控、零净损失的要求，并建立破坏湿地资源终身追责制。

建立湿地生态实时监测网络体系。为整体提升各级林业主管部门的湿地生态风险预警防范能力，2018 年 4 月，江西省林业厅印发《江西省湿地生态实时监测和数据共享技术指南（试行）》，启动湿地生态实时监测网络体系建设。该体系能够实现对全省各重点湿地区域内水文与水环境、气象、土壤、空气环境、人类与鸟类活动等多种生态要素的全天候、不间断、高精度监测，而且可以有效聚合各独立监测站点的监测信息，打破信息孤岛，提高信息使用效益。

开展打击破坏湿地资源行为专项行动。近年来，为切实加强湿地资源和候鸟保护，每年均在全省范围开展打击破坏湿地资源行为专项行动，成立领导小组，并制订实施方案。自《江西省湿地保护条例》于 2012 年 5 月施行以来，各市、县（区）集中人力、物力，精心部署开展了打击毁湿开垦等破坏湿地资源行为的专项整治行动，查处了一批案件，部分重要湿地的生态环境有了一定的改善，生物多样性也有所恢复，取得了良好成效。

（四）生物多样性保护：从被动到主动

生物多样性是自然历时亿万年发展的结果，是人类赖以生存的条件，是维系经济社会可持续发展的基础，为我国生态安全和粮食安全提供坚实的保障。近年来，江西省以国家级自然保护区为重点，对重点区域和重点地区的生物多样性加强保护。实施自然保护区升级工程，加大对典型生态系统、物种、基因和景观多样性的保护力度。启动生物多样性本底调查与评估，为科学保护生物多样性奠定基础。实施珍稀濒危物种繁衍野化工程，维护种群数量。加强重点工程建设范围内的野生动植物抢救性迁地保护，严防外来有害物种入侵，建设和完善全省野生动植物救护繁育中心。对省内 69 个野生动植物保护管理站、45 个野生动物疫源疫病监测站加大保护和建设力度，实施极小种群等动植物保护及华南虎野化回归工程。

完善生物多样性保护法律法规。严格贯彻落实《中华人民共和国野生动物保护法》《中华人民共和国野生植物保护条例》《中华人民共和国自然保护区条例》等法律法规，制定《江西省古树名木保护条例》《江西省渔业条例》《江西省植物保护条例》等，开展自然保护区的"一区一法"建设，制定《江西省鄱阳湖自然保护区候鸟保护规定》《江西武夷山国家级自然保护区条例》等。制定《江西省自然保护区发展规划》《江西省林业自然保护区发展规划（2008—2030 年）》等，把重点保护的野生动植物栖息地、物种和脆弱生态系统全部纳入保护范围。为加强生物多样性保护，2018 年 3 月，率先在全国成立生物多样性司法保护基地，以法治捍卫生态安全。

　　初步建成门类齐全、功能完善的自然保护网络。自然保护区对野生生物的生存具有极为重要的作用。截至 2018 年年底，全省共建各级自然保护区 190 处，其中，国家级 16 处、省级 38 处、市县级 136 处，自然保护区总面积达 109.88 万公顷，占全省国土面积的 6.58%。[①]自然保护区覆盖了省域内约 50% 的天然森林生态系统和 30% 的天然湿地生态系统，保护了全省 95% 的野生植物种类和 80% 的野生动物种类。

　　建设各级农业种质资源保护区。现有国家级农业野生植物原生境保护区 3 个，国家级水产种质资源保护区 25 个，省级水生生物自然保护区 6 个，省级水产种质资源保护区 4 个。加强江豚等珍稀水生野生动物及其水生生态环境监测研究，加强鄱阳湖、长江江豚保护区建设。大力改善珍稀候鸟栖息地环境，推进建设省级"候鸟司法保护基地"，推进长江重要物种遗传基因库和档案库建设。

　　健全国门生物安全防范机制。据报道，江西目前发现的外来入侵物种已达 90 余种，已成为入侵生物种类较多、危害较重的区域，并呈现物种数量增多、分布区域扩大等趋势，潜在的威胁也在不断增大。[②]为防范外来物种入侵，江西着力健全生物

---

① 江西省生态环境厅：《2018 年江西省生态环境状况公报》，http://sthjt.jiangxi.gov.cn/doc/2019/11/02/66896.shtml.

② 江西省人民政府：《江西国门生物安全工作新闻发布会在昌举行》，http://www.jiangxi.gov.cn/art/2017/4/14/art_5862_216524.html.

安全防范机制。健全国门生物安全查验机制，提升进境动植物疫情截获率，切实防范外来有害生物的入侵。抓好有害生物监测和农产品安全风险监控工作。开展打击非法携带、邮寄植物种子种苗进境的"绿蕾 3"专项活动。

（五）矿山治理与修复：从单一治理到多措并举

中共中央、国务院发布的《关于加快推进生态文明建设的意见》中指出，要对工业污染场地进行强化治理，对矿山地质环境进行恢复和综合治理。据统计，截至 2017 年年底，全省有废弃矿山约 4160 座，矿山累计占用及损坏土地约 7.1 万公顷。[①]面对艰巨的恢复治理任务，过去通常采取土地复垦、消除地质灾害隐患和削坡覆绿等相对较为单一的方法进行，近年转变过去较为单一的治理方法，实行多种举措开展矿山治理与修复。江西省政府重点加大对原属于中央直属企业以及因破产、关闭的无主管企业尾矿库治理工作力度，开展尾矿库坝体安全加固和修建截洪沟、排水沟及排渗工程等工程建设，提升无主尾矿库安全水平和周边生态环境质量。发挥市场机制的主导作用，多渠道筹集治理资金，通过综合治理成为建设用地、复垦还绿、尾矿综合利用等方式，引导和鼓励社会资金投入矿山环境治理。江西省通过多种措施实施治理，取得了明显成效，全省完成恢

---

① 郑荣林：《江西推进矿山地质环境保护与恢复治理》，载《江西日报》，2018 年 3 月 25 日。

复治理矿山 2346 处,累计恢复治理面积达 1.9 万公顷。[1]矿山治理与修复消除了矿山开采遗留的地质灾害隐患,恢复了一大批可用的建设用地以及林地、耕地,有效防止了水土流失和环境污染,改善了矿区周边的生态环境,特别是通过实施废弃稀土矿山地质环境恢复治理,土壤侵蚀模数大幅降低,土壤性状改观显著。

赣州稀土开采历史悠久,在对国家做出重大贡献的同时,也留下了较为严重的环境问题。曾经出现一哄而上开矿的现象以及早期池浸、堆浸工艺,生产经营方式粗放,工艺落后,"搬山运动"式的开采产生了大量的尾砂,长期无序堆积,造成严重的资源浪费和环境污染。通过初步调查,赣州原有废弃稀土矿山面积达 94.46 千米^2。[2]为了解决历史遗留问题,赣州市在废弃稀土矿山治理中开展了多种探索:一是对废弃矿区的部分土地进行综合利用,结合地方工业园建设,将废弃稀土矿山治理成建设用地。通过地形整治、土地平整、修建挡土墙等工程,直接治理成建设用地,为地方政府提供了工业用地保障,促进了产业转型升级。二是对稀土尾砂采取开发式治理,即在稀土尾砂上大胆试验和积极推广经济作物种植。三是立足当地资源,以优势特色产业为纽带,出台优惠政策,引进外商、激发民资开发兴建了一大批"精品脐橙果园""千亩枇杷园"等特色果园,

---

① 郑荣林:《江西推进矿山地质环境保护与恢复治理》,载《江西日报》,2018 年 3 月 25 日。
② 邱天宝、肖卫平:《修复与保护并举 筑牢南方生态屏障》,载《赣南日报》,2018 年 6 月 2 日。

形成了集种植、养殖于一体的"猪-沼-果"生态农业模式,有效恢复林地 34.81 千米^2,矿区植被覆盖率由 4%提高到 70%以上。

(六)草地保护:从单一利用到保护开发并重

合理开发草地资源,有效保护草地资源,既有利于保护生态环境和生物多样性,又有利于满足人类发展和生活需要。一是保护好草地资源。加强天然草场、高山草甸、草地自然保护区、城市草地等草地资源保护,有效遏制全省草地数量、质量下降趋势。采取季节性休牧和用养轮换的方式,改善植物生存环境,促进草地植被生长和发育。充分利用各类草山草坡、空闲隙地以及秋冬闲田等土地资源,大力推广人工种草,建植人工草地。二是实行严格的草地保护制度。开展草地确权登记,开展第二次草地资源普查,将草地纳入自然资源统一登记,解决林、草、耕地交错、界限不清、矛盾突出等问题,以实现资源共享、生态经济效益"双赢"目标。建设覆盖全省中高山草地、丘陵岗地草地、州滩草地的监测体系,确保能够开展草地执法及监督、草地监测、草地承包、草地防灾等工作。

二、加强城乡环境综合整治,建设生态宜居家园

环境问题并非简单的经济问题,而是重大的民生问题。环境就是民生,人民对优美生态环境的需要构成人民美好生活需要的重要组成部分。诚如习近平总书记指出:"良好生态环境是

最公平的公共产品，是最普惠的民生福祉。"①因而，"既要创造更多物质财富和精神财富以满足人民日益增长的美好生活需要，也要提供更多优质生态产品以满足人民日益增长的优美生态环境需要。"②江西始终贯彻落实"以人民为中心"的发展思想，坚持生态惠民、生态利民、生态为民，重点解决损害群众健康的突出环境问题，着眼"一事一策"解决问题，持续实施"净空、净水、净土"工程，采取一系列措施，确保标本兼治，持续改善环境质量，提升人民群众在生态文明建设中的获得感。

（一）深入实施"净空"行动，改善大气质量

江西在推进大气污染防治方面采取的主要措施包括：一是加强大气污染源综合治理。以重点行业脱硫脱硝、除尘设施改造升级、机动车尾气防治等三个关键环境治理手段开展大气污染源综合治理。开展城市"四尘三烟三气"专项整治，2017年淘汰城区燃煤小锅炉284台，淘汰黄标车5.16万辆，完成1100个建筑工地扬尘标准化治理。③截至2016年年底，全面完成158个重点行业大气污染限期治理项目，江西省所有统调火电机组全部配套建设脱硫脱硝设施。基本完成钢铁行业、水泥行业脱硝

---

① 中共中央文献研究室：《习近平关于社会主义生态文明建设论述摘编》，北京：中央文献出版社，2017年版，第4页。

② 习近平：《决胜全面建成小康社会　夺取新时代中国特色社会主义伟大胜利——在中国共产党第十九次全国代表大会上的报告》，北京：人民出版社，2017年版，第50页。

③ 《关于国家生态文明试验区（江西）建设情况的报告——2018年1月25日在江西省第十三届人民代表大会第一次会议上》，载《江西日报》，2018年2月28日。

设施建设，全面达到国家要求。二是积极发展清洁能源，截至2016 年年底，江西风电、光伏发电装机容量分别突破 140 万千瓦和 180 万千瓦。三是建立大气环境质量监测预警体系。完善设区市 $PM_{2.5}$ 数据实时监测网络。对施工扬尘、矿山扬尘以及城市扬尘等加强监管，在重点区域、重点行业对挥发性有机物排放实施总量控制，对重点化工园区有毒有害气体强化监管。构建机动车环保达标监管体系。推进大气环境监测体系建设，建成省级和南昌、九江的空气质量预报预警体系。此外，实施省内、省际大气污染联防联控，目前已建立昌九大气区域污染联防联控机制、实施江西与湖南的大气污染联防联控等相应措施。加快推进省内昌九区域和九江与湖北黄冈、萍乡与湖南株洲、赣州与福建龙岩等省际大气污染联防联控。

2018 年公布的《江西省打赢蓝天保卫战三年行动计划（2018—2020 年）》标志着全面启动蓝天保卫战三年强攻计划。督促和配合地方政府及相关部门整治"散乱污"企业，压减煤炭消费量，减少机动车污染，强化区域联防联控联治，积极主动应对秋冬季重污染天气，确保空气质量持续改善、$PM_{2.5}$ 浓度持续下降、空气质量达标率稳步提升。大力推进工业污染、机动车污染、扬尘污染等多污染协同共治，采取分片包干方式推动各地严格落实重点地区、重点行业、重点企业大气污染防治措施，解决"四尘""三烟""三气"等方面的污染问题。明确将"控煤、减排、管车、降尘、禁烧、治油烟"作为大气污染治理工作重点。

（二）深入实施"净水"行动，提升水环境质量

为实现江西绿水长流、"一湖清水"的目标，江西精准发力提升水环境质量。在制度上，江西构建高规格、全覆盖的"河长制"，破解"群龙无首"的难题。江西在全国率先建立了党政同责、区域和流域相结合、覆盖全省所有水域的省、市、县、乡、村5级组织体系，共设立5级河湖长2.5万余人，配备河湖管护人员9.42万人。通过实施"河长制"，着力防治水污染、提升水环境质量。一是从源头上严格控制污染源。严格控制"五湖一河"沿岸和源头保护区内高耗水、高污染行业的发展，推动建成区域内现有污染较重企业搬迁改造或关闭。加强工矿企业、城镇生活、畜禽水产养殖、农业面源等污染的防治。二是实施专项治理行动，集中解决突出的问题。如由省政府主要领导亲自部署，在全省范围内集中统一实施以"清洁河流水质、清除河道违建、清理违法行为"为重点的"清河行动"。江西自1995年以来，持续每年开展"环保赣江行活动"。2018年"环保赣江行活动"围绕"呵护长江生态，保障饮水安全"主题，重点检查县级以上城市饮用水水源地一级、二级保护区保护管理和周边污染源排查整治等情况，助推长江经济带"共抓大保护"攻坚行动，推进"五河一湖一江"水环境治理和全省饮用水水源保护。三是加强工业企业水污染防治监管，实现废水达标排放。强化企业环境监管，严肃查处环境违法行为。对擅自闲置污染治理设施、偷排污染物的企业，一律责令停产整顿、

高限处罚，情节严重的吊销其排污许可证，由公安、监察部门追究相关部门和人员责任。四是建设污水处理设施配套管网。江西省政府按照"突出重点、分步推进、财政支持、统一融资"思路，近年来，安排 50 亿元资金基本解决 48 个县（市）污水处理设施配套管网建设问题以及 25 个工业园区污水处理设施及配套管网建设。截至 2016 年年底，江西新建、改建城镇和工业园区各类污水管网 1535 千米，全省城市污水处理率达到 88%。五是优先保护良好水体，江西省制定并实施《水质较好湖泊生态环境保护总体规划》，全面保护柘林湖、仙女湖等 13 个水质较好的湖泊。在全国率先探索全省流域生态补偿制度，对流域生态补偿水质考核力度不断加大，以优先保护好全省良好水体的水质。

（三）深入实施"净土"行动，防治土壤环境污染

土壤是经济社会可持续发展的物质基础，江西始终坚持抓好土壤环境保护，充分认识到土壤环境保护是推进江西生态文明建设和维护江西生态安全的重要内容。2016 年 12 月，江西出台《江西省土壤污染防治工作方案》，立足于保障农产品质量和人居安全，对土壤环境现状进行摸底，为加强农用地保护及安全利用提供基础。对建设用地环境风险进行严格控制，对新增土壤污染进行严格把控，开展土壤污染治理与修复，全面启动土壤污染防治。2018 年，江西出台《江西省土壤污染治理与修复规划》，建立江西省土壤污染防治项目库，建成全省危险废物

监管平台，实现 1750 家企业上线运行。

在防治土壤污染方面，江西多措并举，分类防治土壤污染，建立重金属污染农作物处置长效机制。主要的举措有：一是加强对重点区域土壤环境的保护。以基本农田、重要农产品地为监管重点，开展农用土壤环境监测、评估，并对其安全性进行划分。严格控制重点区域的污水灌溉，强化对农药、化肥及其废弃包装物，以及农膜使用的环境管理。二是开展土壤治理与修复。江西省组织全省污染土地调查，于 2016 年对前期布设的 1300 多个土壤环境监测点开展监测，总体掌握江西省土地污染情况，以实施科学治理。三是建立垃圾处理制度。持续推进生活垃圾分类试点，推动城乡环卫"全域一体化"第三方治理。如在垃圾处理方面，江西南昌红谷滩新区建设园林生态平衡调剂站，为园林绿色垃圾量"减负"，通过粉碎、发酵、堆肥来无害化处理园林垃圾，不仅减少污染，还变废为宝。四是大力推广测土配方施肥，建立重金属污染农作物处置长效机制，推进 7 个重点防控区重金属污染监测、治理与修复工程建设，重点行业重金属污染物排放量连续三年下降。

（四）全面推进城乡环境综合整治

2017 年，江西统筹资金 60 亿元，推进 2 万个村组村容村貌整治。加快推进南昌、宜春垃圾分类试点，编制《全省生活垃圾焚烧发电设施布点规划》，建成垃圾焚烧处理设施 10 座，垃圾焚烧日处理能力达到 6400 吨，全面推行城乡垃圾一体化处理和政府购买服务。①推进生活垃圾和污水处理设施建设，全面建成县级城市污水处理设施，南昌、新余、鹰潭、景德镇建成垃圾焚烧发电设施。江西将进一步实行垃圾强制分类和城乡一体化处理。按照因地制宜、便于操作的原则，建立健全垃圾分类相关法规规章，加快建立垃圾分类投放、分类收集、分类运输及分类处理体系，加强垃圾收集、运输、处理设施建设，提高垃圾焚烧处理率，基本实现地级以上城市垃圾全收集、全处理。建立全省垃圾治理工作厅际联席会议制度，统筹协调全省垃圾治理工作。启动生活垃圾分类工作，在全国第一个以省政府名义出台《全省生活垃圾分类制度具体实施方案》，南昌市、宜春市、赣江新区启动生活垃圾强制分类工作。开展全省非正规垃圾堆放点排查及信息录入工作，在瑞昌市、靖安县、崇义县推行农村生活垃圾分类和资源化利用示范试点。全省所有县（市、区）基本通过农村生活垃圾治理省级考核验收。开展建筑工地扬尘和道路扬尘专项治理工作，部署专项检查，对全省建筑工地进行"过筛"检查，下达建筑工地限期整改通知1万余份，对324个建筑工地进行行政处罚，建筑工地扬尘治理取得明显阶段性成效。加快推进城市道路机械化清扫工作，积极推进道路清扫湿法作业，加大城市道路降尘设施设备、车辆投入。开展城市建成区违法建设专项治理和农村建房超高超大超限专项治理，坚决打击违法违规建设行为。全省城市建成区拆除存量违

---

① 《关于国家生态文明试验区（江西）建设情况的报告——2020年1月17日在江西省第十三届人民代表大会第四次会议上》，载《江西日报》，2019年2月26日。

法建筑 100 万米^2；查处农村违法违规建房 1 万余栋，依法拆除 7000 多栋。[①] 推行城乡环卫"全域一体化"第三方治理，30 多个县开展农村生活垃圾治理第三方服务全域外包，90.5% 的行政村纳入城乡生活垃圾收运处理体系。在鹰潭市深入开展城乡生活垃圾第三方治理试点，为城乡生活垃圾处理创出新模式，实现了"一把扫帚扫城乡，一套体系治理全域"。

（五）持续推进农业面源污染治理

近年来，江西持续推进农业面源污染治理。面对农业生产中产生的废弃物和污染物不断增加、江西省农业面源污染严峻的形势，江西实行"源头控制、过程阻断、末端治理"的农业面源污染防治策略。先后制定了《江西省农业面源污染控制规划》《关于加强畜禽养殖污染治理　促进畜牧业持续健康发展意见的通知》《关于做好江西省农业面源污染防治工作的意见》《江西省农业面源污染防治规划》《农业生态环境保护条例》等一系列与农业环境保护相关的政策和规划，并采取全面推广测土配方施肥、深入开展统防统治与绿色植保行动、大力推进畜禽清洁生产等方式强化农业面源污染治理。截至 2018 年年底，江西已经全面完成畜禽养殖"三区"划定和地理标注。划定畜禽养殖禁养区 5.12 万千米^2，累计关闭、搬迁畜禽养殖场 3.8 万个。[②]

---

① 江西省人民政府：《我省全面推进城乡环境综合整治》，http://www.jiangxi.gov.cn/art/2018/1/11/art_398_155695.html.

② 《关于国家生态文明试验区（江西）建设情况的报告——2020 年 1 月 17 日在江西省第十三届人民代表大会第四次会议上》，载《江西日报》，2019 年 2 月 26 日。

全省规模猪场配套粪污处理设施完成比例达 76%，畜禽粪污资源化利用率达 87.5%以上。实施农药、化肥"减量化"行动，农药、化肥使用量连续三年负增长。①开展畜禽养殖污染专项执法行动，推动粪便有机肥转化利用、农作物秸秆综合利用和化肥、农药减量使用，全省农作物秸秆利用率达到 87.31%。新余市渝水区罗坊镇以大型沼气综合项目为抓手，创新生态循环模式，实行区域"N2N"生态循环农业模式。针对禽畜养殖污染问题严重的现状，积极探索，实施畜禽养殖粪污减量化、无害化、资源化处理。该项目实现了畜禽养殖废弃物资源化、能源化利用，较好解决了畜禽养殖污染难题，链接了种植业和养殖业，达到了经济效益、社会效益、生态效益"多赢"。

三、持续开展生态创建活动，构建生态新优势

人与自然是生命共同体，生态环境与每个人息息相关，江西持续开展生态县（市、区）、乡镇、生态村等创建活动，坚持"点、线、面"结合，打造一批试点示范基地。通过持续开展各类生态示范创建活动，充分调动社会力量参与生态环境保护。

（一）"点"上着力

在"点"上，江西着力抓好国家级生态文明县、省级生态

---

① 《关于国家生态文明试验区（江西）建设情况的报告——2020 年 1 月 17 日在江西省第十三届人民代表大会第四次会议上》，载《江西日报》，2019 年 2 月 26 日。

文明示范县（示范基地）等示范点建设。通过示范探索、制度创新、试点引领，形成可复制、可推广的典型模式，为全省乃至全国生态文明建设积累经验，有利于各地发挥生态资源优势，率先走出一条绿色、循环、低碳发展的新路，有利于引领全省提升发展质量，加快全面建成小康社会进程，有利于生态文明建设体制机制创新，对打造生态文明建设的"江西样板"有重要意义。截至 2018 年 1 月，已确定三批生态文明先行示范县（共54 个），同时积极参与国家层面的生态文明创建活动，创建 3 个国家生态文明建设示范县，靖安县被列入首批"绿水青山就是金山银山"实践创新基地。

抓好生态县（市、区）创建是江西省生态创建活动的重要部分，是县级行政区域实施生态文明建设的重要载体。生态示范县建设围绕优化国土空间开发格局、调整优化产业结构、着力推动绿色循环低碳生产方式、加大生态建设和环境保护力度、加强生态文化建设、创新体制机制等任务展开。为调动各地创建的积极性，在相关政策方面予以支持，如国家和省相关领域先行先试政策优先考虑，生态环保、现代服务业和战略性新兴产业领域重大建设项目优先布局，并在安排相关专项资金时给予倾斜、生态文明相关重大建设项目优先安排建设用地。

江西实施生态示范县创建以来，极大地调动了各地生态文明建设的积极性，取得了积极的成效，各地创建也形成了一些可值得推广、借鉴的经验模式。如宜丰县按照"保护好生态环境，发展起生态经济，创建生态示范县"的发展构想，探索出了一条创建山区生态示范县的新模式。从树立"破坏生态环境就是破坏生产力，保护生态环境就是保护生产力，改善生态环境就是发展生产力"的意识入手，采取多种措施，希冀建设"天蓝、水绿、山青、景美"的自然生态环境。一是实施封山育林、退耕还林、生态节能、水保及除险保安四大工程；二是一次性关闭沿河所有达不到排放标准的企业，并按照工程措施与生物措施相结合的治理方式对境内的主要河流进行全面的综合治理；三是通过推进土地整理复垦、统筹安排各类建设用地等多种方式持续发展保护土地资源；四是遵循开发资源与保护环境并重的原则，科学开发矿产资源。

（二）"线"上延伸

在"线"上，江西加快推进抚河生态文明示范带、昌铜高速经济带、吉安百里赣江风光带、景德镇百里昌江风光带、昌九走廊生态经济带、赣西袁河生态经济带、会（昌）寻（乌）安（远）生态经济带建设。

抚河生态文明示范带建设的主要措施有：一是严格整治污染。实施水生态治理首先要从岸上各类污染抓起，严格管理监控工业企业污染排放，全面启动农业面源污染防治，持续减少化肥、农药使用量。在全市范围内按照禁养区、限养区、可养区进行划分，全市1164座小型以上水库全部实行"人放天养"，清退水库投饵养殖，关停库区畜禽养殖；新建污水处理厂8座，中心城区生活污水处理率达到95%，城镇雨污分流排水管网正加紧建设改造。①实施城乡环境综合整治，在全市12个县（区）基本建立"户分类、村收集、乡转运、县处理"的城乡环卫一体化垃圾清运处理模式。为全面净化环境，对境内高速沿线、村组有色垃圾、陈年垃圾全面进行清理。此外，强化制度创新，通过实施"山长制""河长制"有效保护境内生态环境。通过整合水利、环保等23个部门的生态资源数据，在江西省率先建立兼具生态环境实时数据动态监测预警、生态环保执法在线联动处理、绿色发展考核评价等多项功能的"生态云"平台。依托"生态云"启动智慧抚河项目建设，对抚河生态情况进行全过程监控和分析，提升流域保护、治理和监管能力。二是加快产业转型升级，将生态优势转化为经济优势。以抚河流域生态保护及综合治理的推进倒逼境内产业转型升级，引导各地挖掘生态优势并转化成发展优势。启动以抚河干流沿岸36个古村落为重点的生态示范村镇建设，整治全市所有宜居村庄。打造一大批重大文化旅游项目，以带动抚州文化旅游产业的发展。三是以发展成果为支撑，反哺生态环境保护。建立市域湿地生态补偿机制、生态产品价值实现机制和国家水环境综合治理与可持续发展试点机制，将收益纳入生态建设基金，以反哺抚河流域生态保护和治理。

　　江西选择昌铜（南昌至铜鼓，沿线途经靖安、奉新、宜丰、铜鼓四县）高速经济带这条"线"为试点，打造生态文明示范

---

① 冯永强：《打造生态文明建设的"抚河模式"》，载《抚州日报》，2018年8月8日。

带。出台《昌铜高速生态经济带总体规划》，大力实施生态保障工程，探索开展自然资源资产负债表编制试点，建设全国"河长制"论坛中心（平台），打造"河长制"和"树保姆制"升级版，靖安、铜鼓、宜丰先后成功创建国家级生态县。

吉安百里赣江风光带南起泰和县城，经吉安县、吉安市、吉水县，北至峡江大坝，全长约 100 千米。百里赣江风光带以吉安深厚的庐陵文化、优质的生态资源本底为基础，将赣江打造成为统筹区域发展、推动经济发展的"金色引擎"，加强生态保护、串联景观节点的"绿色项链"，传承庐陵文化、展示吉安内秀的"文化客厅"，丰富居民生活、提升城市品质的"滨水乐园"。在细化设置一系列产业项目的基础上，借助"两带一区"建设机遇，抓紧产业转型升级。依托沿江丰富的历史文化资源及优质的生态景观资源，进一步完善赣江两岸串联的各区块江岸商业旅游服务设施，将赣江打造成推动吉安经济高速发展的"金色引擎"。加强对沿江生态山体、沿江支流水系环境保护，打造吉安生态绿廊。同时，整合沿岸的新塘林场、青原山、挂捞山、天柱岗等绿脉山体和公园自然景观资源，将山、水、城的网络有机联系起来，打造生态"绿色项链"。"文化客厅"的规划范围内拥有古南塔、白鹭洲书院、钟鼓楼、锦源古村、白口城遗址等众多的历史古迹和丰厚的历史记忆，沿岸风光带强调文化气质，将赣江建设成为展现庐陵文化底蕴的理想场所。"滨水乐园"规划以塑造可持续的庐陵文化为目标，通过植入庐陵特色元素的手法，将地方文化记忆融入区域景观的塑造中，实现城市文化的延续。依托现有的道路骨架网络体系，强化道路与滨水的联系，将城市生活融入风光带序列中，营造滨水城市空间，使沿江风光带成为市民的"滨水乐园"。

（三）"面"上拓展

在"面"上，全力打造山水林田湖草生命共同体，大力推进赣州山水林田湖草生态保护修复工程试点、抚州生态文明先行示范市、生态扶贫试验区等示范样板建设。赣州市被纳入国家山水林田湖草生态保护修复工程试点。赣州森林覆盖率高达76.4%，位居全省设区市第一，在全国设区市中排名第九。赣州各类城区建成区绿化覆盖率达42.08%，人均公园绿地面积达11.18 米^2，绿化乔木种植比例达76.5%。近年来，赣州市主要河流的国、省、市断面水质达标率为91%，环境空气质量优良率为100%，集中式饮用水水源地水质达标率为100%，享有"生态家园""绿色宝库"之美誉。

2016 年 8 月底，抚州市被列为江西省生态文明先行示范市，是江西省第一个、也是江西省目前唯一全市域开展生态文明先行示范区建设的设区市。主要做法包括：一是开展抚河流域综合治理，通过 PPP 模式实施抚河流域生态文明保护及综合治理工程，实施 33 个生态保护与修复项目；二是"以生态文明+特色小镇+绿色生活方式"，在抚河干流沿岸打造 36 个生态示范村镇示范点，对具备条件的按特色小镇定位进行分类建设；三是建设"生态云"大数据平台，整合各部门数据，开展绿色发展指标、生态文明建设等生态考核，根据数据分析结果为生态环境保护提供决策依据；四是实施水资源使用确权登记试点，在规范取水许可和取水用水资源使用权登记方面先行先试。

（四）统筹城乡生态文明建设

在"点""线""面"协调推进生态文明建设的过程中，江西始终坚持城乡统筹的理念，并实现生态文明在空间上全面落地且各具特色。从生态文明空间发展看，江西致力于推动美丽乡村、绿色城镇、生态城市建设的联动，并各具特色。

江西省美丽乡村建设起步早，实施乡村生态环境治理工程，以"清洁工程"为抓手改善农村生态环境。实施"六改四普及"、"三绿一处理"和镇村联动、通道改造提升工程，提高村民生活质量。江西制定《"整洁美丽，和谐宜居"新农村建设行动规划（2017—2020年）》，把生态文明建设融入新农村建设中，着力解决新农村建设"最后一千米"难题。贯彻落实《中共中央 国务院关于实施乡村振兴战略的意见》，以全面实施乡村振兴战略为抓手，持续推进"整洁美丽、和谐宜居"新农村建设行动，全面提升乡村生态宜居水平。做实"整治"文章，加大城乡环境综合整治力度，深入开展违法建设专项治理，推进农村"厕所革命"。攻坚农村环境综合整治，推进"千村示范、万村整治"，持续改善农村人居环境，为老百姓留住鸟语花香的田园风光。

城市是人口集聚的空间载体，推进绿色城镇建设，尊重自然格局，依托现有山水脉络，把山、河、林、湖等生态元素融入城镇建设，使山、水、城融为一体，让居民望得见山、看得见水、记得住乡愁。全省 11 个设区市全部晋升为国家园林城市，并先后跻身各类全国宜居城市榜单，7 个城市还获评国家森林城市。江西从 2017 年开始，计划打造基于绿色城镇建设的 60 个特色小镇。

概言之，江西以"点"带"面"，"点、线、面"结合，统筹城乡的生态文明建设格局已经基本确立，形成了美丽乡村、绿色城镇、生态城市差异化发展的格局，走出了一条村落与村落、城镇与城镇、城市与城市的特色化发展之路。

四、共抓大保护、不搞大开发，推进长江生态修复

长江是中华民族的母亲河，是关系子孙万代的生态屏障带，是中华民族发展的重要支撑。长江流域湿地分布着江豚、中华鲟、白鹤、水杉、银杏等珍稀野生动植物，是全球生物多样性热点区域，在全球生态保护中位居重要地位。长江流域以水为纽带，连接上下游、左右岸、干支流，形成经济社会大系统，时至今日仍然是连接丝绸之路经济带和 21 世纪海上丝绸之路的重要纽带。传统经济发展方式下的开发对长江索取过度，使其承受巨大的生态环境压力。在违法排污、过度捕捞、水土流失、水质污染、植被破坏等影响下，长江生态系统不堪重负。2016 年年初，习近平总书记在重庆提出："要把修复长江生态环境摆

在压倒性位置，共抓大保护，不搞大开发。"①2018 年，习近平总书记再次强调："绝不容许长江生态环境在我们这一代人手上继续恶化下去，一定要给子孙后代留下一条清洁美丽的万里长江！"②这体现出党中央高度重视生态文明建设，展现了对中华民族永续发展负责的强烈历史担当，也彰显了中国的国际担当。2016 年 3 月 25 日，中共中央政治局召开会议，审议通过了《长江经济带发展规划纲要》（以下简称《纲要》），2016 年 9 月正式印发。《纲要》立下"长江生态环境只能优化、不能恶化"的军令状，沿江 11 个省市硬化约束，铁腕护江。2017 年 7 月，多部门印发《长江经济带生态环境保护规划》，要努力把长江经济带建成中国经济版图上的"绿腰带""金腰带"。党的十九大报告再次强调，要以"共抓大保护、不搞大开发"为导向推动长江经济带发展。江西作为长江经济带的重要组成部分，生态地位举足轻重。经鄱阳湖注入长江的水量平均值超过 1500 亿米³，从中可窥江西在长江经济带生态格局中的重要地位，为长江中下游生态安全提供不可或缺的支撑。

搞好长江大保护，不能各自为政，沿线各地必须贯彻落实"共抓大保护、不搞大开发"的思想。江西将推动长江经济带发展与建设国家生态文明试验区有机结合，将突出问题整治与建立长效机制相结合，坚持"共抓大保护，不搞大开发"。把坚持

---

① 中共中央文献研究室：《习近平关于社会主义生态文明建设论述摘编》，北京：中央文献出版社，2017 年版，第 69 页。
② 刘坤、陈晨：《给子孙后代留下一条清洁美丽的长江》，载《光明日报》，2018 年 4 月 29 日。

走"生态优先、绿色发展"的理念融入产业升级、通道建设、开放合作、城乡发展等全方位和全过程,致力于推动实现高质量发展。按照"外表美"与"内在美"相统一的原则打造长江"最美岸线",以重振"赣鄱千年黄金水道"辉煌,加快建设现代高效立体交通网,严守生态红线、彰显生态特色,实现长江经济带建设在江西省融会贯通。近年来,江西省委、省政府坚持走生态优先、绿色发展之路,投入巨大人力、物力、财力,把修复长江生态环境摆在重要位置,统筹推进九江长江、鄱阳湖及源头地区生态保护,筑牢长江中下游生态安全屏障,全力推进长江大保护。2017 年长江九江段国考断面水质优良率为100%。

（一）把修复长江生态环境放在压倒性位置

江西省委、省政府坚决贯彻党中央决策部署,始终坚持"生态立省、绿色崛起",全面实施《长江经济带发展规划纲要》和《江西省长江经济带发展实施规划》,制定《江西省长江经济带"共抓大保护"攻坚行动工作方案》。加强统筹协调,设立领导小组办公室,明确各部门责任,整合各方资源和力量,推动省直部门和各市、县齐抓共管,形成"一盘棋"工作格局。坚持把修复生态环境放在压倒性位置,围绕水资源保护、水污染治理、生态修复与保护、城乡环境综合治理、岸线资源保护利用、绿色产业发展等六大领域,着眼生态环境保护突出问题,综合决策、集中攻坚。江西省积极打造长江绿色生态廊道,划定生态保护、水资源、土地资源三条红线,坚持标本兼治,形成"共抓大保护,不搞大开发"的思想共识和行动自觉,形成了全域治理、全域保护、全域建设的大格局。在全国率先实施全流域生态补偿,陆续开展"三水共治""水岸同治""清河行动"等治理工程,保护长江水环境。出台《关于全面加强生态环境保护 坚决打好污染防治攻坚战的实施意见》,开展野生动植物保护行动。加强江豚等珍稀水生野生动物及其水生生态环境监测研究,推进鄱阳湖、长江江豚保护区建设;严厉打击乱捕滥猎野生动物违法犯罪行为,改善珍稀候鸟栖息地环境;建立水生生物种群恢复机制,推进长江重要物种遗传基因库和档案库建设。①近年来,江西多措并举鼓励技术改造、推进清洁生产,力求做好"加减乘法":在大数据云计算、窄带物联网、智能制造等新业态、新模式上做"加法";在落后产能上做"减法",加快淘汰煤炭、烟花爆竹等落后产能,改造提升传统优势产业;在生态价值转换上做"乘法",将"生态+"理念融入产业发展全过程,大力发展大健康、全域旅游、现代农业等绿色产业,做大做强中医药产业,培育绿色金融、文化创意等现代服务业。②一言以蔽之,江西始终坚持将修复长江生态环境放在压倒性位置,不断提高经济发展的绿色含量。

---

① 《关于全面加强生态环境保护 坚决打好污染防治攻坚战的实施意见》,载《江西日报》,2018 年 9 月 4 日。
② 刘奇:《全力推进"共抓大保护"攻坚行动 加快推动实现高质量发展》,载《当代江西》2018 年第 5 期,第 8~12 页。

（二）坚持突出重点，打造长江"最美岸线"

江西拥有 152 千米长江岸线，将其打造成水美、岸美、产业美的"最美岸线"。注重抓好顶层设计，高起点、高标准、高水平编制新的沿江规划以及相关专项规划、控制性规划。2018 年 4 月，江西启动"共抓大保护攻坚行动"，用 3 年的时间从根本上解决严重影响生态环境的突出问题，切实发挥江西生态屏障作用，为推动长江经济带高质量发展贡献"江西力量"。江西摒弃"长江即九江"的狭隘思维，从系统思维高度将长江段与"五河一湖"视为一个有机整体。坚持以水为中心，突出系统综合治理。按照"问题在水里，根源在岸上"的思路，统筹水、路、港、岸、产、城和生物、湿地、环境等，统筹"五河一湖一岸一江"，坚持全域治理、全域保护、全域建设，全面实施水污染治理、水生态修复和水资源保护"三水共治"，开展长江岸线整治提升行动，持续改善水环境质量。开展工业污染防治综合治理行动、水污染综合治理行动、饮用水水源地保护行动、城乡环境综合治理行动、农业面源污染防治行动、长江干流及重要支流和湖泊岸线综合整治行动、固体废物整治行动、森林生态修复行动、湿地保护修复行动、生物多样性保护行动等十大攻坚行动。改变以往的多头管理，构建综合执法机制，实施综合管理。九江市彭泽县河道局于 2018 年组建专职管护队伍。按照"制度化、常态化、专业化、规范化"要求，这支队伍主要负责长江河道管理范围内去污保洁、清草除杂、江滩护岸林木的管养维护以及水事违法违章行为的处罚。

（三）加强省际合作，协同推进长江生态修复

推进长江生态修复的关键是打破"各自为政"的行政壁垒，破解"九龙治江"难题。江西与湖南、湖北加强协商合作，在国家推动长江经济带发展领导小组办公室指导下，先后签署了《长江中游湖泊湿地保护与生态修复联合宣言》《长江中游地区省际协商合作机制》《长江中游地区省际协商合作行动宣言》。2018年4月，湘鄂赣三省建立了省际协商合作轮值制度，共同推进十三件实事，推进了一批重大项目和重大合作事项，基本形成了"多层级、多领域"的协商合作格局。

第三节 江西践行"山水林田湖草生命共同体"理念的启示

"历史地看，生态兴则文明兴，生态衰则文明衰。"[①]先污染后治理的发展必将付出沉重代价。习近平总书记曾深刻指出："那种要钱不要命的发展，那种先污染后治理、先破坏后恢复的发展，再也不能继续下去了。"[②]要正确处理生态环境保护和经济发展的关系，诚如习近平总书记在十八届中央政治局第六次

[①] 中共中央文献研究室：《习近平关于社会主义生态文明建设论述摘编》，北京：中央文献出版社，2017年版，第6页。
[②] 习近平：《干在实处 走在前列——推进浙江新发展的思考与实践》，北京：中共中央党校出版社，2006年版，第190页。

集体学习会议上指出："牢固树立保护生态环境就是保护生产力、改善生态环境就是发展生产力的理念。"①因此，我们要像保护眼睛、对待生命一样保护和对待生态环境。江西历届省委、省政府坚持走"生态立省"的发展之路不动摇，强化顶层设计与发挥地方首创精神相结合，统筹推动生态文明建设。把建设生态文明作为改善民生、贯彻落实以人民为中心的发展思想的抓手，切实解决人民群众关心的突出环境问题。按照"点、线、面"有序推进生态文明建设，形成全省生态文明建设的良好社会氛围。遵循"山水林田湖草生命共同体"理念，坚持系统治理，以生态修复助推生态文明建设。

一、强化顶层设计与发挥地方首创精神相结合，统筹推动生态文明建设

习近平总书记强调："改革开放在认识和实践上的每一次突破和发展，无不来自人民群众的实践和智慧。要鼓励地方、基层、群众解放思想、积极探索……推动顶层设计和基层探索良性互动、有机结合。"②江西在生态文明建设的过程中始终坚持以顶层设计来总揽全局、把握方向，以基层探索来接地气、聚人气，激发群众的首创精神。推动顶层设计和基层探索良性互动，既有前瞻性，又有探索性，既有谋划性，又有突破性，

---

① 《坚持节约资源和保护环境基本国策　努力走向社会主义生态文明新时代》，载《人民日报》，2013 年 5 月 25 日。
② 《鼓励基层群众解放思想积极探索　推动改革顶层设计和基层探索互动》，载《人民日报》，2014 年 12 月 3 日。

全面提升生态文明建设整体水平。

（一）注重顶层设计，构建生态文明建设总体格局

一是形成绿色发展共识。江西深入贯彻落实习近平总书记对江西的重要指示，把绿色发展理念转变为全省上下的共同意志，实现绿色崛起正成为江西新的共识。江西省第十四次党代会对未来发展明确规划为建设国家生态文明试验区、打造美丽中国"江西样板"，彰显了江西省生态立省的战略格局。二是组建高规格的领导机构。江西省成立了省委书记、省长挂帅的高规格生态文明建设领导小组，形成省委牵头抓总、省人大立法监督、省政府谋划实施、省政协积极参与、各地各部门"一把手"负责的总体推进格局。2019 年，专门成立江西省生态环境保护委员会，由省委书记和省长任"双主任"，委员会下设自然资源保护、环境污染防治等 10 个专业委员会，按照专业领域协调推进生态环境保护各领域工作。三是构建了较为完善的国土空间开发保护制度体系。江西落实主体功能区制度，26 个国家重点生态功能区全面实行产业准入"负面清单"制度。建立了资源环境承载能力监测预警机制，启动了全省以设区市为单元的"生态保护红线、环境质量底线、资源利用上线和环境准入负面清单"编制工作，有效推进水利、矿产资源规划环评和赣江、信江、抚河等主要河流的流域综合规划。发布《江西省生态保护红线》，为推进生态文明建设提供科学依据。

（二）鼓励先行先试，发挥地方首创精神

　　生态文明建设是一项庞杂的系统工程，涉及广泛，各自然要素都有其自身特点，各地生态系统都有其独特之处，因而，要鼓励地方结合自身特点，先行先试，大胆探索。抚州市资溪县在全省乃至全国率先实施"生态审计"，对领导干部进行生态环境保护责任审计，并作为领导干部选拔任用的重要依据。九江市武宁县在全省率先实行"林长制"，探索森林资源保护管理新模式。赣州市安远县在全省率先成立生态综合执法大队，开展生态综合执法。宜春市靖安县打造"河长制"升级版，实施"河长认领制"，将河流日常管护职责落实到"认领河长"身上。赣州市在小流域综合治理过程中，工程、生物、耕作措施并举，成为发展中国家生态修复和扶贫的典范。德兴市设立"垃圾兑换银行"，实行"村民收集分类、物资定点兑换、保洁资金补贴差价"的管理机制，引导村民垃圾分类，深受老百姓欢迎。

二、坚持整体推进与重点突破相统一

　　生态文明建设是一项系统工程，必须整体、协同、全域推进，但也需要因地制宜、精准发力、重点突破。江西加强顶层设计，全面布局、整体推进生态文明建设，并聚焦重点区域、领域，集中精力攻坚克难。生态环境已成为全面建成小康社会的突出短板。环境污染引发社会公众的集体焦虑，环境风险凸显，环境事件多发、高发，日益成为关系群众健康的民生之患、

民心之痛，也成为考验地方党委、政府政绩观、治理能力、形象和公信力的"试金石"。①在生态文明建设过程中，江西省狠抓中央环保督察问题的整改，牢固树立以人民为中心的发展思想不动摇，从老百姓最关心的突出环境问题着手，紧紧抓住重点区域以及薄弱环节，遵循分类整治、集中攻坚的原则，在全省持续推进"净空、净水、净土"行动。"三净"行动开展以来，取得了显著的成效，设区市城区空气质量优良率达 86.2%，主要河流监测断面水质达标率达 88.6%，森林覆盖率稳定在 63.1%，生态环境质量保持全国前列，让人们望得见青山、看得见绿水、记得住乡愁，努力增加人民群众在生态文明建设中的获得感。在全面推进生态文明建设的过程中，江西聚焦老百姓关注的突出环境问题，持续开展生态环境治理，从流域、区域、领域特点出发，聚焦突出问题，不断改善人居环境；农村垃圾、污水处理和农业面源污染治理效果显著，一个个村落日益成为美丽宜居的幸福家园。江西持续致力于提供优质生态产品，不断满足人民群众对优美生态环境的需要。

三、以流域综合治理为重点，系统推进生态文明建设

山水林田湖草是生命共同体，大自然各要素相互依存、相互影响。生态环境保护和修复必须遵循自然的规律，自然生态系统各个要素之间有着密切的联系。科学选择对共同体自然资

---

① 陈吉宁：《牢固树立"四个意识"　坚决落实全面从严治党各项要求》，载《中国纪检监察》2017 年第 2 期，第 54～55 页。

源进行综合管理的路径，通过山地、水系和农田整理，自然生态的修复和防洪排涝设施等水利工程的建设，将城镇乡村营造成一个自我循环、自然健康的山水林田湖草生命共同体。在生态环境保护上，江西省委、省政府牢固树立"山水林田湖草生命共同体"理念，在总结山江湖工程经验的基础上，探索出大湖流域生态、经济、社会协调发展新模式，统筹山江湖开发、保护与治理，打破割裂生态系统联系的错误认识，实施生态系统治理，致力于打造山水林田湖草综合治理样板区。

（一）突出系统治理，推进流域综合管控

结合自然生态系统完整性的特点，江西按照"四个统一"来推进系统治理，实施流域综合管控。具体体现为：一是统一规划，建立农、林、水、环保、国土、交通等相关规划衔接机制，做到干流与支流、岸上与岸下、城镇与乡村涉水环境管理与生态建设有机融合。二是统一监管，建成全省统一、覆盖市县的断面水质监测网络、河湖管理信息系统和河长即时通信平台，建立网格化管理协调机制和水质恶化倒查机制。三是统一执法，整合省直各部门涉及河湖保护管理行政执法职能，建立日常巡查、情况通报和责任落实制度，建立省级环境执法与环境司法衔接机制，在安远等地开展环境保护综合执法改革试点。2018年，出台《关于全面加强生态环境保护　坚决打好污染防治攻坚战的实施意见》，提出整合环保、国土资源、农业、水利等部门的相关污染防治和生态保护执法职责、队伍，统一实行生态环境保护综合执法。四是统一行动，实施"清河行动"，每年开展专项整治活动，查找各类损害河湖水域生态环境的问题，从源头上清理各类污染源，保护水环境，维护河湖健康生命，从而实现"河畅、水清、岸绿、景美"的目标。

（二）突出"面"上提升，实施生态修复工程

开展山水林田湖草生态保护修复是推进生态文明建设的一项重大举措。通过"面"上提升、"点"上示范，江西省大力推动实施生态修复工程。实施森林质量提升工程，大力开展森林经营，森林质量得到了有效提升，全国重点林业县崇义县森林资源保护和经营成为全国榜样；实施水土保持工程，综合治理水土流失面积达 8.4 万公顷。实施湿地保护工程，完善鄱阳湖湿地监测评价预警机制和湿地保护恢复补偿制度，建立湿地总量管理、分级管控、占补平衡机制，严守湿地保有量红线，连续 5 年保持稳定，湿地面积占全省国土面积比重达到 5.45%。实施耕地保护和修复工程，多措并举推进耕地质量保护与提升。为确保一湖清水流入长江，采取措施增强生态自我修复功能，如在鄱阳湖核心保护区内关停污染企业，划定严格的生态红线，把渔业捕捞、畜牧养殖等列为产业禁区，出台规定从 2021 年 1 月 1 日起，全面禁止鄱阳湖区天然渔业资源生产性捕捞，禁捕期暂定 10 年。

（三）突出"点"上示范，着力推动样板创建

坚持创新引领，以示范试点为依托，突出江西优势资源与

区域特色，以样板打造为支撑，推动建立特色明显的样板工程，着力增强试点示范效应。加快重点示范平台建设，立足江西实际，打造彰显特色的生态文明建设模式。赣州市于 2017 年被纳入全国首批山水林田湖草生态保护修复工程试点，并获得中央基础奖补资金 20 亿元。建设昌铜高速经济带，努力打造全省绿色崛起示范区、全省生态保护和建设典范区。推进省级生态文明示范县和示范基地建设。先后建设三批共 117 个生态文明示范基地项目，持续推进 54 个省级生态文明示范县（市、区）重点项目建设，重点在制度创新、模式探索上为《国家生态文明试验区（江西）实施方案》建设提供典型经验。赣州市获批国家山水林田湖草生态保护修复工程试点之后，全面推进矿山治理和生态开发，从"靠山吃山，靠水吃水"中摸索生态还原之路，探索出龙南"林—果—草"及"林（果）—草—渔（牧）"、信丰"猪—沼—林（果）"、寻乌"工业园"等生态工程相配套的成功治理模式；推进全国水土保持改革试验区建设，探索出生态产业型、生态清洁型、生态观光型等多种水保治理模式，创建水土保持精品示范工程 20 余个，其中国家水保科技示范园、水土保持生态文明清洁小流域建设工程各 1 个；推广"竹节沟+生态治理"模式治理"江南沙漠"，仅 2016 年，赣州市完成水土流失治理面积 71 万亩，治理区植被覆盖率达 90%以上；实施环境综合整治工程，大力推进污水、垃圾处理项目建设，推进"七改三网"基础设施建设和"8+4"公共服务配套，全方位开展农村环境综合整治工作。

第三章　推动经济与生态"两化并驱"，将生态资源转变为富民资本

　　习近平总书记指出，绿色生态是江西最大财富、最大优势和最大品牌，要努力走出一条经济发展和生态文明水平提高相辅相成、相得益彰的路子。江西人民按照总书记的嘱托，主动适应经济新常态，坚定不移地加快传统产业绿色转型升级步伐，大力发展战略新兴产业，努力探索出一条"经济生态化、生态经济化"的绿色发展之路。江西省委、省政府调整经济结构和能源结构，优化国土空间开发布局，发展高效农业、先进制造业、现代服务业，推进资源全面节约和循环利用，力争以更低的资源消耗、更小的环境影响推动经济高质量发展。近几年，江西"绿水青山"正逐步转化为更多的"金山银山"，改造提升传统产业、培育壮大优势产业、发展绿色生态产业，全省经济总量迈上新台阶，发展质量稳步提升。绿色经济增速连续三年位居全国"第一方阵"，取得了生态与经济相互促进的"双赢"效果。

第一节 绿色发展理念

绿色发展是生态文明建设的必然要求。绿色发展是在自然和资源承受范围之内，以资源节约、环境友好、生态保育为主要特征的发展模式。绿色发展是建立在资源承载力与生态环境容量的约束条件下，通过"绿色化""生态化"的实践，达到人与自然日趋和谐、绿色资产不断增值、人的绿色福利不断提升，从而实现经济、社会、生态协调发展的过程。

"绿色发展"并非否定发展，而是既要发展，又要绿色，是兼顾发展质量和发展效益的又好又快发展。"绿水青山"不会自然而然地转变为"金山银山"，生态优势也不会直接转变为经济优势，要使"绿水青山"转变为"金山银山"，关键是找到好的思路与方法，发展绿色产业，把生态要素融入经济发展之中，实现生态效益与经济效益的统一。事实上，无论是生态禀赋好的地区，还是生态脆弱的地方，都可以在产业上找到适合当地的产业类型。"关键是要树立正确的发展思路，因地制宜选择好发展产业。"[1]

"绿色发展"不仅仅是经济发展，还与绿色社会、绿色政治、绿色文化等密切联系。"绿色发展"实现从发展理念到具体举措的大转变，它将绿色内在于社会发展的全过程，内在于社会管

---

[1] 中共中央文献研究室：《习近平关于社会主义生态文明建设论述摘编》，北京：中央文献出版社，2017年版，第23页。

理、社会生产和社会生活的每一个环节，其中绿色经济是绿色发展的核心内容。

绿色发展理念的提出体现了新时代我国解决经济发展与环境保护矛盾的思想智慧，是新时代的一个理论成果。习近平早在 2005 年考察浙江省安吉县余村时就提出"绿水青山就是金山银山"的论断。2017 年，在中共中央政治局第四十一次集体学习中，习近平总书记将绿色发展提升到自然规律、经济规律、社会规律高度。可以说，绿色发展理念是中国共产党人对自然界发展规律、人类社会发展规律的深化和理论上的飞跃，是在统筹协调人与自然、人与社会以及人与人的关系中促进经济社会持续健康发展的根本举措，体现了执政党的一种政治自觉、政治责任、政治使命和政治担当，是对马克思主义发展观的继承和发展。2016 年，习近平总书记在江西考察工作时讲到："坚持绿色发展是发展观的一场深刻革命。要从转变经济发展方式、环境污染综合治理、自然生态保护修复、资源节约集约利用、完善生态文明制度体系等方面采取超常举措，全方位、全地域、全过程开展生态环境保护。"①这是习近平总书记对江西人民的要求，也是为江西经济社会发展"问诊把脉"，指定方向。

一、树立"绿水青山就是金山银山"的绿色发展观

绿色发展实质上就是在遵循客观规律的前提下，如何正确

---

① 中共中央文献研究室：《习近平关于社会主义生态文明建设论述摘编》，北京：中央文献出版社，2017 年版，第 39 页。

处理生态环境保护与自然资源合理利用，以实现人类社会与自然环境可持续发展的发展思想。它强调通过适度和有效利用自然资源，避免和防止生态环境遭受破坏，最终达到人类社会的永续发展。"生态环境没有替代品，用之不觉，失之难存。"[①]人们在"发展"理念上存在认知上的误区：一是将绿色与发展对立起来，只注重绿色环保而忽略了发展的主题；二是机械地追求经济社会与生态环境的协调，协调和谐有余而发展活力不足。这种认知导致了自然和人类发展矛盾尖锐的严重后果。

"绿水青山就是金山银山"论断是新时代对发展思想的科学回答。它阐述了经济发展和环境保护的对立统一，指明了经济发展的动力，是指导我国推进现代化建设的重要思想。"绿水青山"具有生态价值，保护自然就是增值自然价值和自然资本的过程。让绿水青山充分发挥经济效益，重要的是寻找好的路径和方法，要在保护中发展，在发展中保护。充分把生态优势转变为经济优势，让生态要素嵌入经济发展中；在将生态优势转化为经济优势的过程中，要注意自然规律，不能无序发展，不能逆自然规律发展。为此，我们要坚持集约、节约的方式做大"金山银山"，坚持可持续发展的方式给自然留下休养生息的时间和空间；坚持向绿色生态要市场，重点发展生态工业、生态农业和生态服务业，从而形成合理的产业结构；要合理消费生态产品，反对奢侈性消费，形成良好的节俭习惯，孕育出绿色

---

① 习近平：《习近平谈治国理政》第二卷，北京：外文出版社，2017 年版，第 209 页。

化生活方式等。

习近平总书记不仅从经济发展与环境保护相统一的角度来分析绿色发展，还将绿色发展提升到整个民族永续延绵的高度来认识。习近平总书记认为，必须要在东方智慧下重新审视工业化发展道路。生态文明建设是在基于西方工业文明不可持续、西方环境治理模式存在重大弊端、西方发展模式需要东方智慧之时提出的。西方工业社会的发展模式就是建立在消耗资源、损害生态环境的基础上的，这就会制约甚至断绝发展的根基，从而形成恶性循环。习近平总书记提出的"绿水青山就是金山银山"的理念是保持民族复兴、后代延续的重要基础。加快形成合理的空间格局、科学的产业结构、循环的生产方式、节约的生活方式，给自然生态留下休养生息的时间和空间，给子孙后代留下生存和发展的空间，就是绿色发展理念的体现。

习近平总书记提出，生态就是资源，就是生产力，坚持"绿水青山就是金山银山"的绿色发展观，应以系统论、整体的、有机的观点为指导，注重社会整体发展与自然的均衡，实现发展方式的新跨越。"人因自然而生，人与自然是一种共生关系，对自然的伤害最终会伤及人类自身。只有尊重自然规律，才能有效防止在开发利用自然上走弯路。这个道理要铭记于心、落实于行。"①构建遵从自然与产业体系共生共存的建设之路，实现经济社会共同繁荣局面，做到不唯 GDP 至上，不以数字论英

---

① 中共中央文献研究室：《习近平关于社会主义生态文明建设论述摘编》，北京：中央文献出版社，2017 年版，第 11 页。

雄，而应实现经济社会与人口、资源、环境相协调发展，真正
实现人与自然和谐共处。

二、坚持绿色、低碳、循环的发展理念

绿色发展主要体现在生产方式绿色化与生活方式低碳化
上，推动形成绿色发展方式和低碳生活方式，是发展观的一场
深刻革命。"保护生态环境，要更加注重促进形成绿色生产方式
和消费方式。保护绿水青山要抓源头，形成内生动力机制。要
坚定不移走绿色低碳循环发展之路，构建绿色产业体系和空间
格局，引导形成绿色生产方式和生活方式，促进人与自然和谐
共生。"①绿色、低碳、循环发展是实现我国经济高质量发展的
关键。所谓"绿色"，就是强调发展与保护相协调，保护是为了
更好的发展，发展是在保护中的发展。习近平总书记强调，保
护环境也就是保护生产力，改善环境就是改善生产力，其本质
是用少的代价发展经济。所谓"低碳"，就是用低的碳排放强度
发展经济，其本质就是提高能源利用效率、发展新能源、发展
碳汇林业等。所谓"循环"，就是提高资源的综合利用效率，其
本质是用少的资源消耗支持经济社会的可持续发展。三者目标
一致，都是为了改变传统工业高耗能、高风险、不可持续的发
展模式。但三者各有侧重点，"绿色"强调环境保护与生态建设，
"循环"强调资源综合利用和节约，"低碳"强调新能源开发利

---

① 中共中央文献研究室：《习近平关于社会主义生态文明建设论述摘编》，北京：中
央文献出版社，2017年版，第31～32页。

用与使用效率。三者要求我们既要创新发展思路，打破旧的思维定式和条条框框，也要创新发展手段，大力发展绿色科技，努力在减少碳排放、使用清洁能源、提高效益和降低成本等方面走出一条新的绿色道路。习近平总书记在全国生态环境保护大会上强调："绿色发展是构建高质量现代化经济体系的必然要求，是解决污染问题的根本之策。重点是调整经济结构和能源结构，优化国土空间开发布局，调整区域流域产业布局，培育壮大节能环保产业、清洁生产产业、清洁能源产业，推进资源全面节约和循环利用。"

首先，绿色发展将环境容量和承载能力作为基本依据，重点加快转变经济结构。"根本改善生态环境状况，必须改变过多依赖增加物质资源消耗、过多依赖规模粗放扩张、过多依赖高能耗高排放产业的发展模式……调整产业结构，一手要坚定不移抓化解过剩产能，一手要大力发展低能耗的先进制造业、高新技术产业、现代服务业……把发展的基点放到创新上来，塑造更多依靠创新驱动、更多发挥先发优势的引领型发展。"[1]能源结构的改革是经济结构调整的主导。目前，我国经济发展仍然依赖化石能源，化石能源带来二氧化硫等污染物的大量排放。清洁能源的开发与使用成为当前生态环境建设亟待要解决的重要环节。能否大力发展节能环保产业、清洁生产产业、清洁能源产业，能否实现能源使用的转型或转换成为能否实现我国绿色发展的关

---

[1] 中共中央文献研究室：《习近平关于社会主义生态文明建设论述摘编》，北京：中央文献出版社，2017年版，第38页。

键。坚持创新驱动、改造传统产业是抓手。在节能降耗上做"减法"，在绿色动能上做"加法"。优化产业结构，大力发展循环经济、低碳产业，实现新能源、新材料为主的动能转换。

其次，发展低碳、无碳产业，进一步夯实优势特色农业和生态旅游服务业。相比较第二产业，农业和旅游业具有明显的无碳、低碳优势。习近平总书记指出："如果能够把这些生态环境优势转化为生态农业、生态工业、生态旅游等生态经济的优势，那么绿水青山也就变成了金山银山。"①习近平总书记在这里明确指明绿色青山转变为金山银山的路径，即大力发展生态农业、实现可持续发展的旅游业是实现绿水青山转变为金山银山的最重要的途径。同时，将第二产业生态化，发展电子信息、电子商务、智能终端服务等低碳产业，进一步将网络大数据等融入第二产业发展之中，让"互联网+产业"成为低碳、无碳发展的新业态。

最后，按照生产空间集约高效、生活空间宜居适度、生态空间山清水秀的要求进行空间的合理规划。进行空间规划，一方面是减少重复管理、提高效率，另一方面是有效防止资本对生态的无限制渗透、有效保护生物多样性的必要措施。按照人口、资源、环境相均衡和经济效益、社会效益、生态效益相统一的原则，从总体方面搞好顶层设计，进行统筹谋划，首先整体谋划国土空间开发布局，严格划分生态保护红线、城市开发

---

① 习近平：《绿水青山就是金山银山》，载《浙江日报》，2005 年 8 月 24 日，第 2 版。

边界线，把握生态、生活、生产空间和功能区范围，统筹人口分布、经济布局、国土利用、生态环境保护之间的关系，给自然留下更多修复空间，给其他生命体留下更多的活动空间，也给人类子孙后代留下天蓝、地绿、水净的美好家园。"促进区域发展，要更加注重人口经济和资源环境空间均衡。既要促进地区间经济和人口均衡、缩小地区间人均 GDP 差距，也要促进地区间人口经济和资源环境承载能力相适应，缩小人口经济和资源环境间的差距。要根据主体功能区定位，着力塑造要素有序自由流动、主体功能约束有效、基本公共服务均等、资源环境可承载的区域协调发展新格局。"①搞好空间规划，也有利于社会公平的实现。"要采取有力措施促进区域发展、城乡协调发展，加快欠发达地区发展，积极推进城乡发展一体化和城乡基本公共服务均等化。要科学布局生产空间、生活空间、生态空间，扎实推进生态环境保护，让良好生态环境成为人民生活质量的增长点，成为展现我国良好形象的发力点。"②

三、强调节约优先、保护优先、自然恢复为主的生态保护理念

人类要依靠自然而存在，离开了自然，人类将无法生存，更无法发展。因此，保护环境成为优先战略。良好的生态环境

---

① 中共中央文献研究室：《习近平关于社会主义生态文明建设论述摘编》，北京：中央文献出版社，2017 年版，第 31 页。
② 中共中央文献研究室：《习近平关于社会主义生态文明建设论述摘编》，北京：中央文献出版社，2017 年版，第 27 页。

是经济发展的基础，只有保护好环境，才能使"金山银山"成为可能。习近平总书记指出："树立保护生态环境就是保护生产力、改善生态环境就是发展生产力的理念，更加自觉地推动绿色发展、循环发展、低碳发展，绝不以牺牲环境为代价去换取一时的经济增长，绝不走'先污染后治理'的路子。"①在生态文明建设中，必须要克服工业文明的思维模式，也就是不要从工业化角度理解生态化，而应从生态化角度理解工业化，这是一种思路的转变，也是发展方式的转型。有些人仍然把环境治理理解为经济发展下的一种治理方式，就不能逃脱工业化的思维。习近平总书记指出："推进生态文明建设，必须……树立尊重自然、顺应自然、保护自然的生态文明理念，坚持节约资源和保护环境的基本国策，坚持节约优先、保护优先、自然恢复为主的方针……形成节约资源和保护环境的空间格局、产业结构、生产方式、生活方式。"②我们必须要从生态规律角度理解工业化。工业发展必须尊重生态规律，满足人与自然和谐共生的需要，否则又重蹈覆辙，于世无益。

　　保护好环境必须要有整体性、有机性思维。西方的发展模式强调局部最优、短期有利，而不管整体利益，不顾长远考虑。因此，西方的环境治理模式也是暂时性的权宜之计。东方智慧强调系统性思维和整体性考量，尊重有机性和生态本身的规律。

---

① 中共中央文献研究室：《习近平关于社会主义生态文明建设论述摘编》，北京：中央文献出版社，2017 年版，第 20 页。

② 中共中央文献研究室：《习近平关于社会主义生态文明建设论述摘编》，北京：中央文献出版社，2017 年版，第 19 页。

尊重生态环境本身的有机性、系统性特征，减少人为因素的不当干扰。"要停止那些盲目改造自然的行为，不填埋河湖、湿地、水田，不用水泥裹死原生态河流，避免使城市变成一块密不透风的'水泥板'。"①如果涸泽而渔，最后必然是什么鱼也没有了。"在生态环境保护建设上，一定要树立大局观、长远观、整体观，坚持保护优先，坚持节约资源和保护环境的基本国策，像保护眼睛一样保护生态环境，像对待生命一样对待生态环境，推动形成绿色发展方式和生活方式。"②因此，保护环境也就是保护自然生命力、自然承载力。过去，我们不太注重资源环境承载能力，不太注重能源供给的可能性和可持续性，这种观念和做法已经不可持续。我们当然要继续发展经济，但要根据能源资源禀赋、通过能源产业结构和贸易结构改善来带动经济增长。因此，习近平总书记强调："节约资源是保护生态环境的根本之策。"③"我们决不能以牺牲生态环境为代价换取经济的一时发展。"④

　　保护环境、节约资源需要制订绿色规划。习近平总书记指出："要一张蓝图干到底，不要'翻烧饼'。各地区要坚定不移实施主体功能区制度，严格按照主体功能区定位推动发展和推

---

① 中共中央文献研究室：《习近平关于社会主义生态文明建设论述摘编》，北京：中央文献出版社，2017 年版，第 67 页。
② 中共中央文献研究室：《习近平关于社会主义生态文明建设论述摘编》，北京：中央文献出版社，2017 年版，第 33～34 页。
③ 中共中央文献研究室：《习近平关于社会主义生态文明建设论述摘编》，北京：中央文献出版社，2017 年版，第 45 页。
④ 中共中央文献研究室：《习近平关于社会主义生态文明建设论述摘编》，北京：中央文献出版社，2017 年版，第 21 页。

进城镇化。承载能力减弱的区域要实行优化开发，重点开发区要集约高效开发，限制开发区要做好点状开发、面上保护，禁止开发区域要令行禁止、停止一切不符合法律法规要求的开发活动。"[①]"主体功能区战略，是加强生态环境保护的有效途径，必须坚定不移加快实施。要严格实施环境功能区划，严格按照优化开发、重点开发、限制开发、禁止开发的主体功能定位，在重要生态功能区、陆地和海洋生态环境敏感区、脆弱区，划定并严守生态红线，构建科学合理的城镇化推进格局、农业发展格局、生态安全格局，保障国家和区域生态安全，提高生态服务功能。"[②]"我们要认识到，在有限的空间内，建设空间大了，绿色空间就少了，自然系统自我循环和净化能力就会下降，区域生态环境和城市人居环境就会变差。"[③]要坚持集约发展，框定总量、限定容量、盘活存量、做优增量、提高质量，立足国情，尊重自然、顺应自然、保护自然，改善城市生态环境，在统筹上下功夫，在重点上求突破，着力提高城市发展持续性、宜居性。"坚持城乡统筹，落实'多规合一'，形成一本规划、一张蓝图。"[④]

---

① 中共中央文献研究室：《习近平关于社会主义生态文明建设论述摘编》，北京：中央文献出版社，2017 年版，第 48 页。

② 中共中央文献研究室：《习近平关于社会主义生态文明建设论述摘编》，北京：中央文献出版社，2017 年版，第 44 页。

③ 中共中央文献研究室：《习近平关于社会主义生态文明建设论述摘编》，北京：中央文献出版社，2017 年版，第 48 页。

④ 中共中央文献研究室：《习近平关于社会主义生态文明建设论述摘编》，北京：中央文献出版社，2017 年版，第 75 页。

开展区域空间生态环境评价，落实生态保护红线、环境质量底线、资源利用上线和环境准入负面清单硬约束，对自然可持续发展、维护人与自然和谐共生具有重要作用。习近平总书记指出："我们要……加快构建科学适度有序的国土空间布局体系、绿色循环低碳发展的产业体系、约束和激励并举的生态文明制度体系、政府企业公众共治的绿色行动体系，加快构建生态功能保障基线、环境质量安全底线、自然资源利用上线三大红线，全方位、全地域、全过程开展生态环境保护建设。"①

坚持保护优先，还要尊重当地的条件与环境资源，因地制宜，探索不同绿色发展方式。不盲目进行标准化改造，实现区域生态的多样性与有机性。我国地域辽阔、生物多样。由于气候、地形、河流等不同，我国呈现出不同的地理环境与生态样式。要做到生态保护和社会发展相统一，就必须因地制宜、区别对待，即坚持绿色发展、生态保护等必须要立足实际情况。让绿水青山充分发挥经济社会效益，不是要把它破坏了，而是要把它保护得更好。关键是要树立正确的发展思路，因地制宜选择好发展产业。"开发资源一定要注意惠及当地、保护生态，决不能一挖了之，决不能为一时发展而牺牲生态环境。"②自然条件各不相同，定位错了，后面一切都不可能正确。"宜封则封、

---

① 中共中央文献研究室：《习近平关于社会主义生态文明建设论述摘编》，北京：中央文献出版社，2017年版，第37页。
② 中共中央文献研究室：《习近平关于社会主义生态文明建设论述摘编》，北京：中央文献出版社，2017年版，第24页。

宜造则造、宜林则林、宜灌则灌、宜草则草。"①不少地方通过发展旅游扶贫、搞绿色种养，找到一条建设生态文明和发展经济相得益彰的脱贫致富路子。"改善生态环境就是发展生产力，必须坚持节约优先、保护优先、自然恢复为主的基本方针，采取有力措施推动生态文明建设在重点突破中实现整体推进。"②

第二节　绿色发展理念在江西的生动实践

在习近平生态文明思想的指引下，江西省努力践行经济与生态"两化并驱"，实现绿水青山向金山银山的转变。截至2019年，江西森林覆盖率达到63.1%，在全国位居第二，绿色的环境、丰富的自然资源为经济发展提供了良好的条件。但要让生态要素成为生产要素，生态优势才会成为发展优势，生态财富才会变成经济财富、社会财富。江西始终做到尊重自然、保护自然优先，绿色发展为主，积极利用生态优势，发展有机产业；利用新旧动能转换，发展绿色工业；变绿水青山为金山银山，发展旅游产业和休闲健康产业。在利用和开发自然资源的同时，重视整体利益和系统性开发，坚持高标准打造好美丽中国"江西样板"，交出国家生态文明试验区建设的出色答卷。

---

① 中共中央文献研究室：《习近平关于社会主义生态文明建设论述摘编》，北京：中央文献出版社，2017年版，第71页。
② 中共中央文献研究室：《习近平关于社会主义生态文明建设论述摘编》，北京：中央文献出版社，2017年版，第9页。

一、生态农业转变新路径

江西牢记习近平总书记"坚持做好农业农村农民工作"的嘱托，充分发挥江西良好生态这一先天禀赋，结合国家实施乡村振兴战略，在深化农业供给侧结构性改革的同时，以农业供给侧结构性改革为主线，继续实施农业产业结构调整"九大工程"；加快推进绿色有机农产品基地建设，打造具有国际竞争力的优质农产品品牌和绿色农产品生产基地，健全农产品标准化及可追溯体系，进一步打响"生态鄱阳湖绿色农产品"品牌；大力发展林下经济，做强油茶、竹类、香精香料、森林药材、苗木花卉、森林景观利用等林下经济产业，坚持推进农村一二三产业融合发展，构建现代农业产业体系、生产体系、经营体系。

（一）生态农业产业化为重点，实现经营模式新突破

江西具有先赋性自然禀赋，然而，江西的农业发展大多处于分散化、碎片化，以家庭为单位的低效率、高成本"单打独斗"式模式。如何才能变"家庭经营"为"规模经营"、发挥规模效益？江西省主动寻求内部产业政策调整，以现代农业示范区为载体，构建生态农业产业体系，推动现代农业集群式发展。江西立足本地实际，以茶叶、油茶、蜜桔、脐橙等区位优势产业为重点，建立了一批高标准、高起点、市场竞争力强的、全国一流的，集农业科技园、农产品深加工产业园、农产品批发交易市场、一站式办证中心于一体的综合绿色生态农产品基地，

推动农业产业提高经济效益。

赣县国家现代农业示范区以现代产业发展理念为指导，以新型农民为主体，在产业升级上求突破。按照示范区总体规划，在保障粮食生产安全的基础上，把蔬菜、油茶、甜叶菊、脐橙作为主导产业来抓，产业发展规模化、区域化、集群化、品牌化优势不断凸显。为了克服碎片化弊端，赣县积极利用土地确权的成果，创新探索农户依法转包、入股、转让等模式流转承包地，完善土地流转服务体系，逐步破解土地流转难的问题，真正实现农民与新型农业经营主体"双赢"。为了确保规模化产品保持健康生态品质，赣县利用生态系统之间的联系，注重生物链自身相克相生的规律，减少使用农药量，从而做到开发与保护并重、效益与品质并进。该县要求所有农业项目开发必须坚持做到"山顶戴帽"、预留隔离带，禁止陡坡开发，实现最大经济社会效益、最小环境代价、最合理资源消耗的有机统一。

靖安县利用良好的生态，把全县划分为几个农业示范区进行整体开发。在县城中心区高湖镇通过"转方式、调结构"打造精致农业绿色优质高地核心示范区；在西部高山区域种植有机白茶和养殖特种水产娃娃鱼，组建江西靖安白云深处白茶发展有限公司，建设娃娃鱼生态园和养殖基地；在东部区域种植有机水稻，形成若干个绿色有机水稻百亩连片示范区；在南部区域种植有机果蔬，通过"拓点、串线、促面"实施"三品"认证绿色标准化建设；在北部区域推进生态农业休闲观光旅游，以"村落、农家、农庄、农田、茶园"等田园风光为依托，打造集"生产、体验、休闲、观光"等功能于一体的生态型农业园区。按照现代农业园区建设标准，建设省级以上现代农业示范区以及省级以上休闲农业示范点9个，示范期内主要规划6个建设项目，累计投入资金大约45亿元，形成了水稻、白茶等六大有机产业。12家涉农企业的38个农产品获得绿色有机食品认证，认证面积达9.3万亩，从而形成全县"乡乡都是生态产品、处处都有绿色景点"的县域经济。靖安在抓绿色产业化发展的同时，始终不忘与环境保护相并进，不断提升耕地质量，依托河湖管护体制机制创新改善水环境和提升水质量，从而不断优化农业生态整体环境。靖安定期对水、土、气等产地环境进行抽样检测；不断加强河湖管护，率先在全省落实县、乡、村三级"河长制"；提升城乡垃圾一体化处理水平，率先在全省实现"垃圾不落地、污水不入河、黄土不见天"，不断优化农业生态环境。良好的环境也进一步提升了农业产品的质量，形成"绿水青山转变为金山银山"的新路径。

总体而言，保护与开发离不开产业支撑。江西历来是农业大省，绿色生态资源丰富，发展绿色农业具有独特的优势。全省人民也发挥主动性，紧抓实施乡村振兴战略的机遇，加快现代农业建设，大胆探索一二三产业融合，积极推进县域创新驱动发展。地方政府也积极鼓励企业科技创新，整合科技园区整体资源，推进建设创新型示范区；通过做优产业企业、做精研发机构、做强园区平台，进一步提升农产品品质，打造生态农业，构建了从科技强到产业强、生态好的现代农业产业体系。2017 年，全省已经建成现代农业示范园 152 个，2 个国家级田园综合体试点也在运营之中。建有全国绿色食品原料标准化生产基地 44 个，培育一批年产值超过 50 亿元、100 亿元的龙头企业。截至 2018 年，江西的油茶、毛竹、香料香精等林下经济总产值已经突破 4000 亿元，列入全国"第一方阵"，基本构建了现代化绿色有机农业产业体系。

（二）坚持绿色品牌"走出去"，实现品牌价值新形象

品牌是一个产品的形象，也是实现可持续发展的"无形资产"。江西在推进农业产业化、规模化发展过程中，也同时加强对品牌的重视，主动对接融入"一带一路"国家战略政策，深入挖掘农产品品牌故事，抓好宣传推介工作，推动绿色产品品牌"走出去"。

"婺源绿茶"品牌成为江西省"四绿一红"重点扶持品牌之一。婺源绿茶具有"颜色碧而天然，口味香而浓郁，水叶清而润厚"三大特点，曾长久享誉欧洲、美国、日本等，是中国名牌农产品、国家地理标志保护产品。为了提升品牌价值，婺源立足生态、资源和产业优势，发挥特色优势，采取"企业+合作社+基地+农户"的经营模式，高规格引进有机茶企业，提高有机茶园比重和有机化管理程度。推行有机茶生产管理方式，开展茶园秋挖，加强农业投入品的管理，将茶园基地的分散型管理转变成集约化管理。重点抓好质量安全标准、农业投入品控

制、疫情疫病监控、质量安全追溯、质量安全诚信等体系建设。这样确保茶叶在生产过程中品质不受影响。婺源县委、县政府合理规划绿茶标准，提升区域品牌价值，制定了《地理标志产品　婺源绿茶》《婺源茶区生态有机茶园建设技术规程》《婺源县茶产业发展规划》，鼓励茶叶企业、茶叶专业合作社、茶农开展有机茶园认证，成功注册了"婺源绿茶"等商标；婺源县委、县政府还以茶为媒，扩大婺源对外文化交流和经济合作，积极融入"一带一路"中，有效提升婺源的形象和知名度，推进婺源茶叶品牌享誉全国、走向世界。在中国茶叶区域公用品牌价值评估中，"婺源绿茶"品牌评估价值达14.45亿元，其评估价值为全省第一。

万年县也积极打造"绿色"产品金字招牌。贡米是万年县的主导品牌，围绕"万年贡"这一品牌，万年县立足资源优势，发挥龙头企业优势，扎实做好"一粒米、一颗珠、一头猪、一枚糖、一滴油"（"五个一"）文章，优化产业结构，强化科技支撑，逐渐形成贡米、珍珠、生猪、糖果、油茶等五朵"金花"产业，最终形成"1+5"（即一个主导品牌带动五个特色产业品牌）效应，农产品品牌响亮全国。

万年贡米集团以"公司+合作社+基地（农户）"的模式，带动省内外的集团优质水稻种植基地50万亩，同时，该集团瞄准中高端大米市场，倾力打造中高端品牌，做大做强"万年贡"品牌，先后通过绿色认证、有机认证，获得国家地理标志保护产品等权威认可，目前已经拥有"万年贡""城南故事"两个农业领域中国驰名商标。

万年县还依托产学研协同机制,聘请在水稻研究方面的权威专家——"杂交水稻之父"袁隆平院士担任贡米产业发展首席顾问,建立了万年贡米集团院士工作站,借"外脑"促发展。该站致力于生态农业开发、生态化水稻种植以及贡米提纯复壮等领域的研发工作,万年县成为全国唯一一个在农业领域拥有两个院士工作站的县。

除了上述农业品牌,江西依托独特的农业环境,还打造出赣南脐橙、南丰蜜桔、广丰马家柚、庐山云雾茶、宁红茶、遂川狗牯脑、瑞昌山药、广昌白莲、泰和乌鸡、高安大米等农产品品牌。"生态鄱阳湖、绿色农产品"品牌知名度日益凸显。

(三)大力发展"互联网+"现代农业,实现农业生产模式新变革

智慧农业就是用先进的信息技术和互联网的思维来改造传统农业,实现农业信息化、农业现代化的超越性发展。它不仅能节约能源、促进低碳发展、解决好生产与保护的矛盾,也能提高效率、缩小城乡差距,是绿色发展的最佳路径。

江西以市场需求为导向,主动引进高科技信息化技术,通过推动移动互联网、大数据等现代技术与农业的结合,提出了"123+N"的江西智慧农业发展路径。不仅提升产品质量,加强农产品的深加工、流通等其他领域与农业的衔接,还通过网络平台,降低产业链的成本,提升生态产品的附加值,从而形成

以规模农业、智慧农业、生态农业、休闲农业等为主的产业融合发展新业态。

南丰借助"电商的翅膀"促进生态农业升级。南丰县全面深入贯彻省委、省政府"建设旅游强省"战略，围绕"世界桔都·休闲南丰"品牌建设，构建蜜桔产业网。南丰利用互联网资源创建供销 e 家电商平台。该平台由南丰供销电子商务有限公司负责运作，采用 P2R 和 O2O 相结合的商业销售模式，实现"厂店双方线上线下一体化运营操作"。现已在南丰县建有供销 e 家电商平台物流配送中心和遍布全县各乡镇的零售小店 511 家。依托邮政在农村丰富的线下渠道改造建设"农村 e 邮"站点，网销本地蜜桔、白莲、腌菜、豆腐皮、笋干等土特产品，同时也为村民开展网购服务、金融服务、便民服务等业务。大力鼓励桔农在京东、淘宝、苏宁等国内知名第三方电商平台设立南丰蜜桔直销店。成立"丰贡蜜桔""星家园""桔子哥"等几十家销售南丰蜜桔的网店，由桔农在网上直销蜜桔，快捷方便。中国蜜桔产业网全面提升了南丰互联网应用以及产业发展水平，抢占网上资源，为南丰蜜桔"走出去"提供扎实的基础。南丰还利用品牌，打造电商创业园，为本地品牌实现可持续发展创造条件。该创业园包含 O2O 特色展示馆、多媒体会议室、微企创业区、众创区、培训中心、快递办公室、移动电商办等为一体的多功能众创空间，可同时容纳上百人进行电商创业。现已有沃之沃、白沃、品雅一族等 9 家塑料知名日用品电商入仓进驻，并开展免费电商培训，为本地培养电商人才。

　　南丰推动产业联动发展，坚持错位发展、特色发展，实现"桔园"向"游园、公园"转变，成功引爆了"桔园游"业态，打造出"桔园游"休闲旅游品牌。全县已创建国家 4A 级景区 1 个、国家 3A 级景区 4 个、省 4A 级乡村旅游点 4 个、省 3A 级乡村旅游点 14 个，逐渐成为"江西风景独好"旅游品牌又一"生力军"，成功被列入首批国家全域旅游示范区创建单位。

　　崇仁麻鸡也搭上互联网，"飞"向全国。崇仁全境以丘陵岗地为主，其间多有溪河流贯形成缓地宽岩，杂草灌木丛生，植被丰富，独特的自然环境成了麻鸡散养的天堂。长期以来，崇仁麻鸡饲养一直是以大棚散养的方式，这里饲养的麻鸡形成了一种独特的生活方式，它们白天游走于田间、山坡草丛和树林下，啄食树上掉下来的小虫、林间的青草等，晚间补充少许糠、谷料等。在此种纯生态环境中生长起来的麻鸡，不仅健康，还敏捷、觅食力强。生存下来的个体鸡抗病力强、饲养成活率高、母鸡产蛋率高、生出来的蛋重壳厚，获得群众的好评。2016 年，崇仁麻鸡被评为国家级农产品地理标志示范创建样板，崇仁麻鸡及其系列产品先后注册了 1 个崇仁麻鸡地理标志证明商标和"国文牌"、"山凤牌"等 10 个产品商标。崇仁麻鸡正逐渐成为当地农民增收致富的一大支柱产业。以此为基础，崇仁麻鸡企业注重鸡种的保护，通过对不同地方核心群鸡种进行保种外，还聘请相关部门编制地方鸡种规模化生态养殖技术规范和产品分级技术规范，建立麻鸡的生产和加工标准化制度。崇仁县利用"互联网+"模式，帮助企业积极开拓麻鸡销售市场，支持企业在京东、淘宝、天猫、全民电商等平台开辟崇仁麻鸡特色产品专区，推行"农超对接"、"农校对接"及"订单农业"，创新崇仁麻鸡销售模式。加强销售、管理和服务，推进崇仁麻鸡产业优化升级，进一步强化崇仁麻鸡品牌建设，形成"互联网+"的生态家禽养殖示范。

随着互联网、物联网等网络技术的发达，越来越多的江西品牌、江西农产品搭载网络的翅膀，飞向全国甚至全世界。

（四）积极发展大循环农业体系，实现可持续发展新态势

农业循环经济是一项综合性极强的系统工程，涉及环境、经济、社会等多个方面。江西坚持以推进农业转型升级为抓手，向绿色生态优势要竞争力，积极探索区域生态循环农业模式，开展废弃物资源化利用和循环化再利用模式研究，探索循环农业、低碳农业和绿色农业新模式，规范畜禽养殖废弃物处理和资源利用模式，积极推进"生态保护+产业发展"绿色生态技术模式。如依托现代农业十大农业技术体系，探索推广了一批稻渔综合绿色生态种养技术模式，全省稻渔综合种植面积达50万亩，亩均增效1000元以上，带动农民增收近5亿元。

东乡区作为全省唯一的全国首批 APEC 低碳示范城镇试点区，把绿色低碳的基因注入了现代生态农业建设的每一个环节，努力实现种养生态化，着力打造无公害农产品。东乡润邦农业开发集团有限公司率先在养殖领域中开展立体化生态养殖模式，水面自上而下分别是"鲢鱼—鳙鱼、草鱼—鲤鱼"，公司专

门利用 300 多亩土地种植饲养鱼群的青草,打造原生态商品鱼。采用稻田套养模式,实现了在水稻田里放养鲫鱼、泥鳅等,全程使用生态饲料,通过生物调节和能量交换,力求生态平衡,实现低碳发展。此举既提高了稻米的产量和品质,又实现了额外收益。在对农业污染治理中,充分利用生物防治方式灭虫,坚持不使用化学农药,全区每年减少化肥用量 966 吨,农作物病虫害绿色防控覆盖率达到 32%,秸秆还田利用率达 86%,走出了一条既提升环境又发展农业经济的绿色发展新路。该公司不但发展药材及农作物种植、水产及家畜养殖、沼气发酵、沼渣加工和农副产品加工等农业产品,还加大了风、光互补能源工程建设力度,协同打造"种植(白花蛇舌草、水稻、牧草等种植)—养殖(水产、水奶牛等养殖)—新能源(沼气、风能、太阳能等)—加工(药材、饲料、粮食等加工)"的"四位一体"的生态农业循环链,在做到产品绿色有机的同时,达到了低碳减排、持续发展的目标。2017 年 12 月,润邦农业基地被评为国家级循环农业示范区。

新余市是全省粮食、生猪、果业主产区,种养业较为发达,但也带来一些污染问题。最为典型的就是规模养殖场畜禽粪便的污染问题、病死猪的处理问题以及化肥农药过量使用等问题。如何才能减少这种污染是摆在新余市政府面前的一道难题。2014 年,新余市政府引进一家公司,在罗坊镇建立了大型沼气站,该公司采用欧洲沼气发酵工艺(CSTR),实行"N2N"生态闭链循环农业发展模式。将 N 家养殖企业与 N 家农业企业、种植大户和合作社，通过有机肥处理中心和农业废弃物资源化利用中心，成功将上游与下游对接起来，将下游资源再生产品应用端与上游的种养殖业废弃物产生端结合起来，推动养殖和种植各产业链的无缝衔接，从而达到养殖与种植、资源循环利用"三位一体"发展起来，推动生态循环农业的目的。这一技术与做法有效解决了周边半径 25 千米区域内的农业废弃物资源利用。

该公司对养殖企业所产生的养殖废弃物——包括粪污、病死猪悉数收集。养殖场只需提升粪污收集池浓度，剩下的事情再交由该公司集中处理。该公司采用全量化处理模式，实现养殖废弃物无害化、减量化、资源化。该公司以集镇为重点实现沼气处理规模化及沼肥全量储存、沼气集中供气和沼气全量发电上网，建立了新型合作经营主体，带领周边农户建设了千亩绿色生态水稻种植示范基地，不仅促进效益、提升农民收入，还提升了环境保护效益。新余罗坊正逐步探索出"N2N"区域循环农业发展模式。

二、绿色工业释放新动能

江西坚持绿色工业理念，按照绿色、低碳、循环的要求，念好"高""新""集"三字诀，不断促使"高碳产业低碳化、低碳产业支柱化、传统产业绿色化"，以转变制造业发展方式和推进产业优化升级为主线，以提高能源利用效率为动力，从产品设计、制造过程、生产模式三个方面突破，利用科技创新，促进信息技术向制造业各领域全面渗透，实现新旧动能转换。一方面加快传统制造业升级改造，实现传统工业加快转型升级；另一方面提高信息产业支撑服务能力，拓展新兴制造业发展空间，战略性新兴工业加速发展壮大。

不断培育壮大优势产业。落实创新驱动"5511"工程倍增计划，实施"2+6+N"产业跨越式发展五年行动计划。重点打造航空、电子信息、中医药、新能源、新材料等优势产业，努力培育先进制造业集群，积极创建国家数字经济试点示范和 VR国家创新中心，加快打造南昌航空科技城、中国（南昌）中医药科创城等重大产业平台。

（一）发展战略性新兴产业，提高能源效率

创新是江西的"底色"，通过创新推动战略性新兴产业高质量发展。江西突出抓好航天航空、新型电子、智能装备、新能源、中医药制造等具有比较优势的产业，抓实一批重点产业集群。通过企业主动、政府推动、创新驱动、政策促动的模式，聚焦重点、集中力量、整合资源加以推进，战略性新兴产业发展取得了积极成效。

晶能光电公司是专注于硅衬底 LED 外延材料与芯片生产的高科技企业，经十年投巨资持续开发，该企业率先在全球实现硅衬底 LED 技术的大规模产业化应用推广，并将该技术发展成为全球第三条蓝光 LED 技术路线，打破了美国和日本对 LED 技术的垄断局面，形成了初具规模的硅衬底 LED 产业集群。该公

司自成立以来，坚持科技创新。作为新起之秀的 LED 研究、开发和生产公司，晶能光电已经拥有 200 多个国际、国内专利，覆盖了 LED 外延生长和芯片加工的全部领域。该公司建立起与国际接轨的资本机制，已经探索出一条以技术引进资本、以资本撬动产业的发展模式。目前，晶能光电通过产业链上、中、下游垂直布局，已形成拥有 12 家企业的硅衬底 LED 产业集群雏形。该公司树立面向市场、面向客户的理念，秉承精益求精的工作精神以及坚定不移的意志，已经成长为高科技公司。

宜春市利用锂电新能源产业的比较优势，紧跟国家新能源产业发展战略，坚定不移推进锂电新能源产业发展。2009 年，经省发改委批复同意，在宜春经济开发区建设江西省锂电新能源产业基地。锂电新能源产业已被列入江西省第四个千亿元工程和省重点发展产业，这是全国第一个锂电新能源产业基地。宜春顺应发展大势，抢抓发展机遇，依托丰富的锂矿资源优势，大力推进锂电新能源产业发展。2017 年 8 月，宜春市进一步清晰了全市发展思路，明晰了发展定位，提出要坚定不移实施产业兴市、工业强市战略，奋力实现"四年翻一番、决战工业八千亿"目标。

航空产业被誉为"工业文明之花"，江西是航空资源大省，洪都航空工业集团有限公司（以下简称"洪都集团"）就是江西航空产业的"老大哥"。该公司创建于1951 年，是中国航空工业的奠基企业之一，经过 50 多年的发展，公司成功走出了一条"以科研带动生产、以生产促进科研"之路，发展壮大成为集科研、生产和经营于一体的大型企业集团。洪都集团依靠自身科研生产实力，不断加大对现有型号的改进改型，现有列装型号焕发出新的生机和活力。同时，以科研带动生产，以生产促进科研，有效地促进了科研成果的应用与转换，成功走出了一条"厂所合一"的道路。近年来，洪都公司质量控制小组坚持以科技为导向，以提高员工素质为基础，以创新为手段，以提高经济效益为目标，以"小、实、活、新"为特征，扎实有效地开展创新活动。洪都公司热表精密孔质量控制小组的《降低某型号精密孔零件超差率》、飞龙效率提升质量控制小组的《提高某型号产品包装箱充换气效率》等 8 项质量控制小组成果荣获 2018 年中国航空工业质量管理协会湘鄂赣片区质量控制小组评审会一等奖。洪都集团还是"大飞机"机体主供应商，获得"大飞机"前机身和中后机身的研制与生产任务，约占机体份额的 25%。目前，中航工业洪都已成功进入了 GE 公司、西屋制动（Webtac）等世界 500 强企业的供应链，形成了"军民并重，两翼齐飞"的大好局面，成功地走出了一条"以科研带动生产、以生产促进科研"之路，发展壮大成为集科研、生产和经营于一体的大型企业集团。江西正努力打造千亿航空产业。从产业到研发，从生产性平台到服务性平台，江西省不断夯实航空产业竞争新优势，加快实现"航空产业大起来，航空研发强起来，江西飞机飞起来，航空市场旺起来"的江西"航空梦"，江西正在从航空资源大省向航空资源强省转变。

江中集团是省属国有大型中药制药企业，是国家 GMP 认证企业以及多个体系认证企业，属于国家级重点高新技术企业和国家级创新型试点企业。公司历经了 50 余年的发展，现已成长为一家集医药制造、保健食品、功能食品于一体的现代化企业集团。江中集团依靠强大科研基础和创新能力，在不断优化渠道管理、强化终端建设的基础上，持续打造高品质的创新产品，产品一经推出，便受到市场的认可和高度评价。2017 年 9 月，全国工商联医药业商会发布 2016 年度中华民族医药百强品牌企业榜单，江中药业入选并在中药制造行业中排名第五。目前，江中集团拥有两个国家工程研究中心；在江西首创"企业博士后科研工作站"，与中国军事医学科学院等联合建立"中药固体制剂制造技术国家工程中心"等研究中心，不断研究开发具备国际竞争力的创新产品。

（二）稀释旧动能，改造传统工业

江西省委十四届六次全会指出，要以更大力度、更实举措，在科技上求突破，加快产业升级、动能转换。传统工业由于耗能高、污染大而必须要进行转型升级。传统工业转型升级一要坚持创新驱动。提升产业核心竞争力，完善产业链，促进由价值链低端向高端跃升。二要坚持结构优化，优化产业布局，加大对优势制造业的支持，加大企业技术改造力度，优化投资结构。三要坚持绿色发展。加大淘汰落后产能力度，应用低碳技术，推广清洁生产，突出节能降耗，降低主要污染物排放强度，提高资源综合利用率。

　　传统工业绿色化改造首先要解决产能过剩问题，淘汰落后产能，提高能源利用效率。江西结合实施"一产一策"，优化区域布局，着力改造和提升传统产业，积极发展区域特色优势产业，禁止发展污染严重或产能过剩企业，淘汰生产能力落后、资源能源消耗高的企业，为新型产业集群发展留出空间。对钢铁、有色金属、水泥等传统污染性工业进行改造；关闭退出煤矿、压缩煤炭产能，并将全省符合改造条件的燃煤电厂全部纳入超低排放和节能改造计划，完成 309 家企业清洁生产改造。着重从企业、产业、园区三个层次推进清洁生产、循环经济和生产方式绿色化，提高经济增长质量。吉安市、丰城市、樟树市被纳入国家循环经济示范市（县）试点，井冈山经开区被纳入国家园区循环化改造示范试点。国家级循环经济类试点示范达 11 个。以江西铜业、江西钨业等为代表的"资源—产品—再生资源—再生产品"循环生产模式正在形成业内标准。加快推进有色金属、石化、建材、纺织等传统优势产业向高端化、智能化、绿色化和个性化方向转变，资源利用效率进一步提高，万元 GDP 能耗下降 4.9%，单位工业增加值能耗下降 1.96%。

　　传统工业绿色化改造还要从技术改造和创新方面发力。鹰潭铜业以铜产业为主，是鹰潭的产业脊梁。然而，鹰潭铜业过去从事粗铜加工，由此带来的能耗高、污染大等一系列问题严重制约了企业的生存和发展，必须要寻找新的发展之路。鹰潭必须"去下游争上游"、以创新来"创富"。从粗铜加工转向铜精深加工，到产业链的下游去"争上游"。在国家供给侧改革的政策指引下，鹰潭市政府结合市场需求，适时调整产业结构，提高技术含量，实现了从产业链的"中端"转向产业链"终端"的尝试，其产品附加值比原来粗铜加工的产品附加值增加了数十倍。2017 年全市铜产业完成主营业务收入 756.08 亿元，同比增长 15.3%，获得了"国家新型工业化产业示范基地""中国再生资源循环利用基地""国家工业绿色转型发展试点城市"等一批国字号招牌，点亮了鹰潭的城市名片。

德兴铜矿寻找绿色转型发展新途径。德兴铜矿矿藏最显著的特点是储量大而集中，埋藏浅，剥采比小，矿石可选性好，综合利用元素多。德兴铜矿铜冶炼综合回收率达世界同行企业第一，是全国首批绿色矿山试点单位之一。在生产与建设中，该铜矿以技术创新和管理创新为动力，以最大限度地综合利用资源为核心，以降低"三废"排放为目标，积极围绕核心资源发展相关产业，提高生产技术，改进生产装备。铜矿主要采取以下措施实现绿色矿山的转型：一是资源开发与节约并举，把节约放在首位，大力发展循环经济，利用先进技术回收废石和酸性废水中的铜矿资源，极大地提高了资源利用率。二是科技水平不断提高，一大批新技术、新工艺得到推广应用，达到了国内同行业最好水平。三是扎实推进节能减排，推广应用变频节能技术，推行清洁生产，在生产过程中减少污染物排放。目前，矿区环境质量进一步改善，矿山环境向"花园式矿山"迈进，实现了绿化、美化、亮化，对矿区开展生态复垦，矿区90%以上可复垦废弃地已进行了生态恢复，全矿绿化覆盖率达到可绿化面积的 100%,形成了具有德兴铜矿特色的绿色矿山发展模式,促进了经济建设与环境保护协调发展。

传统工业绿色化改造要处理好能源利用与环境相协调问题,在降低污染排放的前提下,提高能源效率,真正把高碳排放低碳化、低碳产业主导化,推进工业与环境保护的协调发展。

三、现代服务业焕发新活力

"绿水青山就是金山银山",如何将绿水青山转换为金山银山?我们既不能砸掉"金碗"换饭吃,也不能守着"金碗"没饭吃,作为自然禀赋较好的赣鄱大地,青山绿水是天然的生态宝库。我们要把生态资源作为经济要素来谋划,现代服务业就是很好的抓手,江西把服务业作为支柱产业来培育,积极开发生态产业,科学经营生态资源,推动生态资源转化为发展资本、生态优势转化为发展实力,真正走上"绿水青山就是金山银山"的创富之路。

大力推进全域旅游,加快文化与旅游融合发展,开展文化消费质量提升行动,加快发展红色旅游、森林生态旅游、乡村旅游、气候养生旅游等业态。加快发展大健康产业,推进宜春"生态+"大健康产业试点。

(一)完善服务业,打造全域生态旅游

江西利用丰富的旅游资源,在"四全"旅游发展理念的指导下,加大旅游形象营销,坚持政府、媒体、企业联手合作,

运用大数据进行分析，运用新媒体开展营销，同时，根据客源地、年龄段、收入的不同，实施精准营销、精细开发和培育市场，做好服务对象的精准化。坚持"以资源为要素、时尚为核心、文化为底蕴"，充分挖掘和用好生态、文化、人口三大优势，打造了一批城市旅游精品项目，做到旅游对象的精美化。依托"一江一河三湖三渠"水生态，打造了"红古绿"各色的旅游花园，适度发展都市休闲农业，做到山水林田湖草观赏的立体化。"江西风景独好"已经唱响全国。

首先，抓住"红色"品牌，把江西做成没有围墙的革命历史博物馆。江西是中国"红色旅游"的故乡，因拥有军旗升起的地方、中国"红色摇篮"井冈山、中国工农红军万里长征始发地、中共苏维埃中央临时政府诞生地等而闻名，发展"红色旅游"具有得天独厚的优势。江西在国内最先建立红色旅游区，最先提出"红色旅游"的口号，最先举办"心连心""红色旅游"节目，培育"红色文化"。在"红色旅游"的大背景下，各地政府也立足自身特点，发展各具特色的"红色旅游"。安源以"伟人之路、青春之路、成功之路"为主线，充分挖掘革命传统和历史人文景观底蕴，大力塑造"安源品牌"，并多渠道筹措资金，实行共同开发模式，安源已经建设成为集纪念、教育、旅游、休闲、观光、娱乐于一体的现代旅游热地。南昌以"天下英雄城·南昌"为主题，加强革命文物、红色旅游资源的保护管理，建成了南昌军事主题公园、建军雕塑广场和南昌舰永久驻泊点等重点项目，充分利用红色场馆自身优势，发挥社会教育的功能，传递社会正能量。于都结合实际，创建了一支由当地160多名红军后代组成的传承"长征精神"非专业性合唱团，宣传长征精神，获得了"全国文化系统先进集体"称号，是赣南响当当的"红色名片"。以红色景点为中心，生态、文化、休闲、娱乐、商务等都发展壮大，形成了一个全面整合和深化配置的格局。在打造长征体验园景区时，按照"城区就是景区，景区就是城区"的要求，将其与周边的开发建设相融合，形成了一个相互拉动的格局。

"红色旅游"以体验和教育熏陶为主线，坚持"红色为主，绿色为辅，红绿古三色融合发展"的理念。井冈山成立了井冈山精神研究会，编排了《八角楼的灯光》等传统歌舞节目，搜集制作了井冈山斗争图片展，推出了"吃一顿红米饭、唱一首红军歌、走一趟红军路、读一本红军书、听一堂传统课、扫一次烈士墓"的"六个一"革命传统教育，把"红色旅游"办成党的优良传统教育和爱国主义教育的大课堂。瑞金建设了红色文化创意产业园、长征文化主题公园、百春双鱼生态度假村、海浪谷水主题乐园、罗汉岩休闲度假区、高效农业体验园等项目，实现"资源大整合、产业大融合、全域大联动、区域大合作"，打造全国红色旅游首选地、客家风情文化传播地。

其次，弘扬传统文化，抓好"古色"江西，挖掘源远流长的赣都文化积淀。江西自古便享有"文章节义之邦""物华天宝，人杰地灵"的美誉。文化昌达的江西，不但哺育过对中华文明产生划时代影响的文化名人，而且至今仍保存着独步天下的景德镇瓷文化、古朴神秘的傩文化、一枝独秀的书院文化。诞生过光耀千古的临川文化、孕育过宋明两代的庐陵文化，是道教的发源地和主要传播地，是南禅的主要根据地，是明朝大迁徙的主要移民点，是客家文化的大本营，深厚的祖根文化让旅行充满寻根意味。

古色文化旅游主要采取了传统与现代完美结合的方式。景德镇市推动陶风瓷韵与时代特征深度融合，建立一批以古窑为重点的非物质文化遗产展览传习基地，通过"文化+科技""文化+旅游"等多种形式，壮大以陶瓷文化创意为特色的文化产业，与影视业有机嫁接、与茶文化有机叠加，不断增强陶瓷历史文化的时代性和感召力，提升国际知名度。

最后，唱响"绿色"江西主旋律，打造绿水青山主品牌。身处长江以南的江西是块被绿色眷顾的大地，所到之处无不是层峦叠嶂、碧水如玉。诸多的名山、名湖在赣鄱大地上铺展着。无处不在的葱茏，使得人们感受到自然的魅力。2016 年春节前夕，习近平总书记到江西视察指导时，引用历代文人墨客的诗词对江西的庐山、井冈山、龙虎山、三清山等景区进行了高度赞美。他指出："江西是个好地方，生态秀美，名胜甚多。庐山、井冈山、龙虎山、三清山闻名天下，人称'庐山天下悠、三清天下秀、龙虎天下绝'。"江西以"绿色"为主旋律，一是以承载力为指针，开发大景区旅游圈。庐山以人与自然的和谐统一为原则，保护原生态的完整性与景点间的协调，以风景区的环境承载力科学评估为依据，将游客人数控制在承受力范围之内，保障旅游服务质量，保持生态环境的服务功能及美学价值，维护旅游者消费权益和当地生态环境利益。同时，还推动与周边地区旅游资源的横向和纵向整合，开发出"一山一环"的立体联动模式。二是以文化为核心，拓展旅游产业链。龙虎山通过"演艺+文化+旅游"与"论坛+节庆活动+研修"展示空间多维化与方式多元化，让道文化通俗化、让文化资源转化成旅游优势。三清山开发了道教文化的系列商品，建立了 3D 打印艺术馆，推广了三清山的三件宝——剪纸、红茶、石斛草，其中多层剪纸在 2015 年江西旅游商品博览会中获得一等奖。鄱阳湖发展以鄱阳湖赣剧院、鄱阳湖体育中心、鄱阳湖文化园等为重要内容的鄱阳湖旅游产业集群。吉安做好"旅游+"融合文章，先后打造了安福羊狮慕、井冈山国际山地自行车赛道、万安田北农民画村、万安花花世界以及红色培训、低空飞行旅游、赣江水上旅游、乡村生态旅游、文化研学旅游、户外体育旅游、房车露营旅游、温泉养生健康旅游等一批新景区、新业态，形成了"自然、农耕、人居、文化、旅游"融合相生的景观布局。三是积极运用互联网技术，打造智慧旅游。龙虎山积极运用现代互联网技术，领先占领智慧旅游制高点，建成了"一个平台、两个中心、三个门户和四类运用"的智慧旅游格局，涉及智慧营销、智慧服务、智慧管理、智慧保护等方面，通过不断的建设优化和落地运营，龙虎山已经成为全国十强、江西第一的智慧旅游景区，龙虎山微信公众号位居全国 5A 级旅游景区微信公众号排行之首。四是创建新平台，推进绿色发展。三清山发挥"旅游+"

的综合带动功能，以旅游业为中心产业，促进旅游与其他产业融合，形成旅游产业全域联动大格局；实行"品牌+"战略，联合婺源、景德镇，创立"最美中国"核心旅游联盟，推出了"最美之旅"的品牌线路；实行"互联网+"战略，成立电子商务平台，整合线上、线下资源，与携程、去哪儿等合作，加快 O2O 整合力度；实行"高铁+"战略，瞄准高铁沿线城市，做精营销、做透市场，通过扩展新市场，优化市场结构。鄱阳湖创新"1+3+N"旅游管理体制，设立旅游巡回法庭、市管旅游分局和旅游警察，着力构建"1+3+N"旅游市场综合监管体系。婺源县依托良好的文化与生态优势，创新管理体制，优化旅游环境，发展全域旅游，建设最美乡村，加快打造国际生态乡村旅游目的地、国家乡村旅游度假试验区。

总体而言，江西旅游业近年来出现了爆发性增长，旅游人次、旅游收入总量创历史新高，位居全国前列，出现高达 20%～30%的增长率，2018 年旅游业增加值占全省 GDP 比重的 11.36%。在当前人们生活不断富裕的时期，江西进入了发展全域旅游的最佳时期，"江西风景独好"品牌也越来越家喻户晓，江西完全有条件建成"国家全域旅游示范省"。

（二）创建新平台，不断壮大物流产业

改善交通、缩短距离，减少排放、提高效率也是绿色发展中的一个重要环节。党的十八大以来，以习近平同志为核心的党中央全力推进物流业发展，构建"一带一路"、长江经济带建设等国家战略，着力完善立体交通体系，深入推进内贸流通体制改革，开展物流示范试点，采取有力措施促进物流业与其他产业联动发展，为深度参与国际物流产业链分工搭建平台。江西是我国唯一一个毗邻长三角、珠三角和闽东南三角区的省份。5 年来，江西坚持以"一带一路"和长江经济带建设为引领，通过"强体魄""筑网络""推标准""促通畅""育品牌"等有效措施，有力促进了物流业发展，推动了江西连接全球物流网络体系、融入全球物流产业链发展大格局。物流产业集群、物流标准化、物流信息化、城市配送、龙头企业培育成为江西现代物流发展的五大推力，物流业发展影响力日趋显著，江西正以铿锵有力的步伐向物流强省奋力迈进。

高安物流业以其基础扎实、体量庞大且有较完善的产业链条和产业配套体系而享誉全国。高安物流企业紧抓发展良机，按照政府统一规划、统一管理、信息共享的要求，通过物流集聚园区实行专业化和规模化经营，发挥整体优势，促进物流技术和服务水平的提高，共享相关设施，降低运营成本，提高规模效益。同时，构建"互联网+物流"新模式，通过现代化的物流行业网络信息系统实时掌握发展动态，提高企业运行效率，释放更多的红利元素，提升企业的综合实力。

高安物流由自由发展模式转型升级为优质、优效发展模式。为了改变传统运输模式下人力、物力的浪费，高安着力打造了全国性的互联网信息平台，实现传统与现代的高度融合。借助这一平台，可为驾驶员的安全提供保障，轻松实现车辆的动态管理和运输单程的多样化、往返的满载化，进一步降低企业运输成本。"互联网+"不仅给传统物流注入了活力，还带来了新的"商机"，推动高安"汽车大军"引来"二次创业"。目前，高安已完成货运汽车交易市场、二手车交易专业市场、现代物流园区和货运专用车生产基地四大平台建设。

高安市政府依托高安产业优势，整合产业资源，着力打造全国卡车及改装车展销中心、全国二手车交易中心、全国汽运物流信息中心、全国汽车零部件生产基地及展销中心、全国陶瓷展示及交易中心、华东地区最大的"互联网+商贸"展销中心"六位一体"的现代物流产业园，实现信息化、集约化、高效化产业群。浙江车马象物联网网络有限公司、正广通集团、郑铁物流等国家首批"无车承运人"试点企业已进驻高安，将与高安传统物流实现强强联合。高安物流业的显著成绩塑造出中国物流业发展领军者形象，它已经被授予"中国物流汽运之都"称号。

在江西省委、省政府的大力推动下，江西移动物联产业发展已成澎湃之势。网络建设领跑全国：全省共部署窄带物联网（NB-IOT）基站 4.1 万个，NB-IOT 连接数达到 28 万个，在全省基本实现了 NB-IOT、增强机器类通信（eMTC）全域覆盖。应用推广全国领先：全省 11 个设区市推广使用了智能水表。截至2018 年，全省移动物联企业已经达到 200 多家，江西已经初步形成了模组、传感器、智能终端移动物联产业链。物联网产业和应用的氛围已经初步形成，"物联江西"未来可期。

（三）培育新产业，发展休闲养老业

优美生态环境不仅是人们对美好生活的向往和需要，更是人们尊重自然的回馈，是人们共享生态文明建设成果的体现。随着物质生活水平的提高，人们对"健康、愉快、长寿"的要求越来越强烈，单纯的养生已难以满足人们对高品质生活的追求。江西山清水秀、空气清新、资源丰富，为老年人健康养生休闲度假旅游提供了得天独厚的优势和基础条件。

江西在保护好优美生态环境的同时，通过多元化的投资格局不断完善旅游服务，创新出特色休闲养老产业，深挖休闲养老内涵，全力打造集生态观光、文化休闲、健康养生为一体的都市休闲养老区，从而延长了产业链，培育了新的业态，满足了人们对美好生活的需求。同时，带动新的经济增长点以及良好的经济效益和社会效益，使绿水青山更好地造福人民。江西省按照"四化"（特色化、差异化、集群化、信息化）建设要求，遵循中医药健康旅游理念，走创新发展之路，探索了文化养生养老的新模式，建设了一批健康养生旅游产业集群，构建了智慧旅游营销服务体系。

江西依山傍水重点打造休闲养生养老好去处，初步形成全国生态养生养老首选之地。湾里区具有丰富的自然资源，森林覆盖率为 73.15%，依托优越的生态环境，完善旅游服务，创新特色旅游产品，全力打造集生态观光、文化休闲、健康养生为一体的都市休闲旅游区。武宁县山水资源丰富，境内有大批旅

游景区景点，有国家级森林公园，生态文明建设成果得到了国家、省、市的充分肯定，具有发展生态休闲养生养老产业的基础和优势。宜春温泉资源分布广泛，各县（市、区）内均有温泉。根据该市各温泉点水质的成分和周边文化背景的不同，宜春重点"以硒为贵"，构建"宜春温泉，十泉十美"的发展格局，形成种类丰富、品质一流的温泉旅游产品体系。

江西结合深厚的文化资源推进养生养老。武宁县打鼓歌和地方采茶戏分别为国家级非物质文化遗产、省级非物质文化遗产。宜春的月亮文化浪漫典雅，位于城南的明月山是月亮文化的发源地。为使月亮文化植根宜春人民生活中，宜春从2007年开始，每年举办一届月亮文化节。如今，宜春围绕月亮文化符号，科学整合禅宗文化资源，着力打造"禅都"宜春，使游客通过听禅音、沐温泉，达到修身养性、天人合一的美好境界。现在越来越多的老年人重视精神文化需求，老年大学成为了人们的首选。

江西还结合中医药养生养老。湾里区抢抓"健康中国""中医强省"的发展机遇，整合并利用区内江西中医药大学、江中集团和已有养生项目的功能，引进热敏灸技术和人才，大力加强中医推广和中医服务网络建设，打造中医诊疗、养生、保健特色亮点。创建国家中医药健康旅游示范区、国家慢性病防治示范区。宜春以振兴"中国药都"为统领，以中药材种植为基础，以中医药制造业为引领，以中医药养生文化旅游为延伸，打造宜春健康养生休闲城市，发展集中医疗养、康复、养生、文化传播、商务会展、中药材科考与旅游于一体的中医药健康旅游。

江西注重多元素融合，大力发展体验和康养旅游项目。南丰通过开发傩面具、傩面折扇等工艺品，创新傩舞艺术的表现形式与传播方式，建立了一批傩舞民俗村及观赏、观光基地。鹰潭通过系统挖掘、整理本土道文化，从食、住、行、游、购、娱等方面全方位融合道文化元素，着力设计、开发、包装，开发出大道乾坤道文化博览园、道学院、大上清宫、正一观、养生园、上清古镇、天师家宴、天师养生茶道、八卦景观田、道乐会等一批参与性较强的道文化体验和康体养生旅游项目。

发展健康养生休闲度假旅游，江西积极应对旅游市场的巨大变化，抢抓住了健康养生产业迅猛发展的重大机遇，推动了江西省旅游产业转型升级，培育了新的经济增长点，加快了旅游强省建设。

第三节　江西践行绿色发展理念的启示

绿色是江西的本色，"金山银山"是江西人对未来富足生活的追求，而江西省委、省政府在习近平总书记"绿水青山就是金山银山"的指导下，带领全省人民努力把"绿水青山"转变为"金山银山"，逐渐形成"江西样板"。对标习近平总书记对江西的要求，最迫切、最关键的是要把习近平新时代中国特色社会主义思想贯穿落实到江西经济建设、政治建设、文化建设、社会建设、生态建设等各项事业中，切实把江西的优势、品牌发挥出来，实现江西人民的生产方式、生活方式绿色化转变。江西人民始终坚持"绿色发展"这一理念，坚持发展与保护并重、生产与生活并重、物质与精神并重、集约与节约并重的低碳、绿色、可循环发展模式，久久为功，不忘本色，走出来一条健康、低碳、可循环的发展之路。

一、坚持理念先行：牢固树立"天人合一"整体的生态文明理念

唯物辩证法是马克思主义哲学的核心方法，习近平总书记的"绿水青山就是金山银山"是马克思主义辩证法在生态文明建设中的反映，是马克思主义生态观的升华。唯物辩证法认为，世界是普遍联系和永恒发展的，同时，世界事物处于矛盾之中，处于对立统一之中。尊重客观规律，把握生态系统内在对立统一规律，实施系统利用，就是唯物辩证法在生态文明中的体现。"用途管制和生态修复必须遵循自然规律，如果种树的只管种树、治水的只管治水、护田的单纯护田，很容易顾此失彼，最终造成生态的系统性破坏。"[1]同时，发展与保护并不是对立的，还有统一性。生态是统一的自然链条，是各种自然因素相互依存而实现循环的自然链条。"山水林田湖草是一个生命共同体"，某一个环节出了问题，整体系统都可能出问题。"要统筹

---

[1] 中共中央文献研究室：《习近平关于社会主义生态文明建设论述摘编》，北京：中央文献出版社，2017年版，第47页。

山水林田湖治理水。在经济社会发展方面我们提出了'五个统筹'，治水也要统筹自然生态的各要素，不能就水论水。要用系统论的思想方法看问题，生态系统是一个有机生命躯体，应该统筹治水和治山、治水和治林、治水和治田、治山和治林等。"①

避免二元对立思维，要把自然视为他者，将自然视为人类的对象，就是人与自然关系的和谐，"不能以牺牲环境为代价去换取一时的经济增长，不能以眼前发展损害长远利益，不能用局部发展损害全局利益。"②而人与自然的和谐共生，是种际之间的和谐，是生命共同体的相互分享。"强调既要尊重自然的客体价值，又要保护人类的主体价值，实现二者的辩证统一……一改过去单纯追求当下利益的传统发展模式，转向注重发展质量和后代人幸福的可持续的科学发展模式，以促进社会与自然共同的和谐发展。"③

江西在环境保护与经济发展中，坚持山水林田湖草的系统性保护与开发，做到保护中开发、开发中保护。曾经有一段时期，人们过度追求"金山银山"，而忽视了"绿水青山"，造成了"宁都不宁"等现象，成为了民心之痛，直接影响到人们的生活和生产。江西人从恶劣的环境中反省过来，在 20 世纪 80 年代提出"治湖必须治江、治江必须治山、治山必须治穷"的系统性治理理念，启动山江湖工程。在赣南小沟壑修复治理工

---

① 中共中央文献研究室：《习近平关于社会主义生态文明建设论述摘编》，北京：中央文献出版社，2017 年版，第 56 页。
② 胡锦涛：《胡锦涛文选》第二卷，北京：人民出版社，2016 年版，第 171 页。
③ 王玲玲、冯皓：《发展伦理探究》，北京：人民出版社，2010 年版，第 266 页。

程中，围绕稀土矿山治理、土壤综合治理等工程，当地政府通过将工矿废弃地恢复为农业耕种地、建设用地等，既治理了废弃矿，又取得一定的经济成效。在对坡面进行改造的同时，当地政府鼓励人们进行果树种植、油茶种植等，有效防止了土壤流失，使保护与经济发展相促进。从山江湖工程到鄱阳湖生态经济区，再到生态文明先行试验区建设，江西正是在系统整体的理念中寻求发展机遇。

尊重自然与人的"共生"规律就是在遵循人类和自然的和谐基础上，通过自然系统与社会系统的有机耦合，创造出高度协调的人与自然发展系统。生态保护与经济开发要正向而行，不能一方的发展抑制了另一方的发展。同时，在结构上能够互补，功能上相互契合，在自然生产力基础上生产出生态产品，这样才能可持续发展。江西在因地制宜、发展有机农业方面，重视与当地气候等结合，在宜草处种植草、在宜树处种植树、在宜养处养殖鱼等，形成了不同地域的不同有机农产品品牌，如赣南脐橙、南丰蜜桔、广丰马家柚、庐山云雾茶、宁红茶、遂川狗牯脑、瑞昌山药、广昌白莲、泰和乌鸡、高安大米等闻名全国的江西有机农产品品牌。目前，江西找到了一条具有江西特色的保护与发展共生的绿色发展新路。

二、紧抓动能转换：坚持低碳、绿色、循环发展道路

坚持"减量化、再利用、资源化"，就必须实现新旧动能转换。目前，我国使用的能源仍以化石能源为主，化石能源中的

煤炭、石油含碳较多。要想从高碳向低碳转型,必须要实现传统化石能源向非化石能源的转变。新型工业化、新型城镇化如果不能实现新能源转型,就不能实现真正的低碳发展道路,也就实现不了真正的绿色发展。目前,我国的一次能源消费结构也出现了积极变化,天然气、水电与核电等能源利用也逐渐增加,原煤与原油的比重下降。我国正在引领全球清洁能源转型,太阳能、风能以及电动汽车生产、核电能建设等技术处于领先地位。江西在动能转换方面,在清洁能源、分布式能源开发与利用方面,在智能能源体系方面也走在了全国前列。传统产业升级换代,高科技产业占比越来越大,智慧农业、智慧旅游、智慧河长完成整体规划,已全面启动实施;窄带物联网(NB-IoT)、增强机器类通信(eMTC)等几乎全域覆盖,智慧森林防火、智慧消防等应用推广全国领先。江西已初步形成了模组、传感器、智能终端移动物联产业链。江西省清洁能源消费在整个能源消费中的比重越来越大。新能源汽车 2018 年上半年同比增长 37.4%,高新技术产业增加值同比增长 11.3%,"既要金山银山,也要绿水青山"的绿色发展在江西逐渐成为现实。

"减量化、再利用、资源化"要求在可承载能力基础上,走绿色、低碳、循环发展道路。这一发展道路就是坚持经济发展不能突破自然生态的承载力,不可突破底线,把发展代价控制在一定的限度之内,不能片面地、一味地追求经济的发展速度而让生态环境付出沉重的代价。在处理自然生命体之间,保持物种的延续性和再生性,不能"杀鸡取卵""涸泽而渔"。在结构上不能顾此失彼、一方征服另一方，而是一种"人-社会-自然"的复合生态系统。习近平总书记也多次指出，在生态环境保护问题上，就是要不能越雷池一步，否则就应该受到惩罚。

江西注重生态文明建设，设定并严守资源消耗上限、环境质量底线、生态保护红线，将各类开发活动限制在资源环境承载能力之内，禁止突破这三条红线，即管控重要生态空间，确保生态保护红线不突破。规定生态环境质量"只能更好、不能变坏"，确保环境质量底线不降低。规定资源利用的上限不仅要考虑人类和当代的需要，也要考虑大自然和后人的需要，确保资源开发利用上限不改变。

遵循自然规律，适时利用自然。作为农业大省的江西在利用自然环境时，顺应时节，"天育物有时，地生财有限"。"天育物有时"要求"时间上继起"，即保护优先，自然生命力延绵不断；"地生财有限"要求空间上并存，即空间规划一张图，人与自然协同发展，生态物种之间维护平衡。"坚持'减量化、再利用、资源化'的原则，逐步形成企业小循环、园中中循环、社会大循环三个层次的循环经济发展方式"。①走绿色发展道路，让资源节约、环境友好成为主流的生产生活方式。"要通过改革创新，让贫困地区的土地、劳动力、资产、自然风光等要素活起来，让资源变资产、资金变股金、农民变股东，让绿

---

① 王玲玲、冯皓：《发展伦理探究》，北京：人民出版社，2010年版，第245页。

水青山变金山银山，带动贫困人口增收。"①"把改造自然的行为严格限制在生态运动的规律之内，使人类活动与自然规律相协调。"②

三、加强技术支撑：绿色技术为绿色发展提供内在动力

新旧动能转换离不开绿色技术的支持。目前，西方治理环境依靠技术手段，但这种技术建立在"局部科学，整体不一定合理；个人获利，但集体不一定获利"的思维模式基础上。如使用清新剂来治理雾霾，虽然局部治理了，但整体却没有得到治理。为了本国的环境变好，把污染性企业迁移到国外，虽然本国空气变好了，但整个地球的环境变坏了。绿色发展需要绿色技术，即在遵循自然规律基础上的低碳、绿色、循环的技术。"绿色发展注重的是解决人与自然和谐问题。绿色循环低碳发展是当今时代科技革命和产业变革的方向，是最有前途的发展领域，我国在这方面的潜力相当大，可以形成很多新的经济增长点。"③"绿色发展是生态文明建设的必然要求，代表了当今科技和产业变革方向，是最有前途的发展领域"。④"通过科技创

---

① 中共中央文献研究室：《习近平关于社会主义生态文明建设论述摘编》，北京：中央文献出版社，2017 年版，第 30 页。
② 王玲玲、冯皓：《发展伦理探究》，北京：人民出版社，2010 年版，第 254 页。
③ 中共中央文献研究室：《习近平关于社会主义生态文明建设论述摘编》，北京：中央文献出版社，2017 年版，第 28 页。
④ 中共中央文献研究室：《习近平关于社会主义生态文明建设论述摘编》，北京：中央文献出版社，2017 年版，第 34 页。

新和体制机制创新，实施优化产业结构、构建低碳能源体系、发展绿色建筑和低碳交通、建立全国碳排放交易市场等一系列政策措施，形成人和自然和谐发展现代化建设新格局。"[①]

我国低成本资源和要素投入形成的驱动力明显减弱，需要依靠更多、更好的科技创新为经济发展注入新动力。"要加深对自然规律的认识，自觉以对规律的认识指导行动。不仅要研究生态恢复治理防护的措施，而且要加深对生物多样性等科学规律的认识；不仅要从政策上加强管理和保护，而且要从全球变化、碳循环机理等方面加深认识，依靠科技创新破解绿色发展难题，形成人与自然和谐发展新格局。"[②]"从生态环境看，大气、水、土壤等污染严重，雾霾频频光临，生态环境急需修复治理，但环保技术产品和服务很不到位。"[③]

江西也在绿色技术方面具有先进性，突出体现为农业生产重视"猪—沼—果"综合利用技术，推广生物防虫灭虫技术，加强"山顶戴帽，预留隔离带"的果树防病虫技术。在农村，农民采用稻田套养模式，做到有机肥替代化肥"化肥零施用"模式和水产养殖污染无害化循环利用等。在资源循环利用方面，德兴铜矿采用细菌浸出-萃取-电积新工艺，将酸性废水处理和铜

① 中共中央文献研究室：《习近平关于社会主义生态文明建设论述摘编》，北京：中央文献出版社，2017 年版，第 31 页。
② 中共中央文献研究室：《习近平关于社会主义生态文明建设论述摘编》，北京：中央文献出版社，2017 年版，第 34 页。
③ 中共中央文献研究室：《习近平关于社会主义生态文明建设论述摘编》，北京：中央文献出版社，2017 年版，第 25 页。

金属回收相结合,生产出纯度达 99.99% 的阴极铜。在土地污染治理中,采取吸附、解吸等化学-生物方法迁移转化,使得土地重金属成分重回到安全阈值。随着生态文明建设的进一步推进,江西将更加重视绿色技术创新,以获得新的增长点、助推绿色发展。

四、力推方式转变:落实绿色化生产方式与生活方式

习近平总书记强调:"要让大家充分认识到推动形成绿色发展方式和生活方式的长期性、复杂性、艰巨性,在思想上高度重视起来,扎扎实实把生态文明建设抓好。"[①]简单来说,就是要抓好生产和消费两个关口。生产与消费是紧密联系的,生产决定着消费,消费也推动着生产。在工业文明时期,大生产、大消费、大排放是其基本特征。而在生态文明时期,需要确立绿色生产、绿色消费、合理排放等生产方式和生活方式。

江西在生产方式上,坚持开源与节流并重、预防与治理结合,实现经济发展方式由"高消耗、高污染、低效益"向"低消耗、低污染、高效益"转变,构建生态化的工业体系、农业体系、服务业体系。"促进自然资源开发利用与自然再生产能力相协调,以保证在较长时期内物种灭绝不超过物种进化,土壤侵蚀不超过土壤形成,森林破坏不超过森林再造,捕鱼量不超过渔场再生能力等,使人类与自然能够和谐相处,为人类的持

续发展留下充足空间。"①特别是农业领域，不断发展农产品加工业，积极培育龙头企业，促进农产品加工转化增值，推进农业产业化经营，走绿色化、生态化道路。在生活方式上，加大大众传媒的宣传力度。加强大众传媒对社会问题的监督与报道，促使人们自觉养成生态文明行为，并加强法律惩罚力度、加强管理监督强度，配合税收政策等手段的运用，促使人们逐步向绿色化生产生活方式转变。加强公民的生态道德教育，通过学校、媒体等宣传报道，开展丰富多彩和行之有效的生态道德教育，培养人们对自然的敬畏和对法律的敬畏，形成良好的生态素质。

在推进生产生活方式转变方面，江西重视发挥多种力量，将绿色发展理念融入经济建设、政治建设、文化建设和社会建设各方面，促进空间结构、能源结构、消费结构的统一，实现生态文明建设与经济、政治、文化、社会共同发展。经济上，树立绿色发展方式；政治上，加大政府治理力度，落实环境损害责任制；社会上，培养民众合理的消费理念，引导正确的理性消费，宣传环境责任；管理上，激励人民保护环境，做好生态补偿制度。

政府在生态文明建设过程中发挥着主导作用。各级相关部门在生态文明建设过程中，坚持守土有责、守土尽责，共同发力。各级党委和政府落实领导干部生态文明建设责任制，严格

---

① 王玲玲、冯皓：《发展伦理探究》，北京：人民出版社，2010 年版，第 254 页。

考核问责，对损害生态环境的领导干部要真追责、敢追责、严追责、终身追责，树立良好的法治环境。

总之，发展不仅是经济问题，也不仅是社会问题，更是人与自然相处的问题。绿色发展既需要政府坚持绿色行政，也需要企业承担环境责任，个人尽到保护义务。只要人人参与、齐抓共管，天蓝、地绿、水清的美丽环境就会伴随在人们身边。

第四章　创新体制机制，破解生态文明制度建设难题

第一节　生态文明制度建设重要论述

党的十八大以来，我国加快推进生态文明体制改革，出台了《生态文明体制改革总体方案》，建立起生态文明制度的"四梁八柱"。习近平总书记在不同时间、不同场合，对生态文明制度建设作了相关阐述，他强调，保护生态环境必须依靠制度、依靠法治。只有实行最严格的制度、最严密的法治，才能为生态文明建设提供可靠保障。通过对习近平总书记关于生态文明制度建设相关阐述进行归纳分析，其生态文明制度建设重要论述主要包括以下几个方面的内容。

一、建立健全考核评价体系

习近平总书记关于生态文明制度建设重要论述体现了他从制度入手解决生态问题、努力为生态文明建设树立扎实的制度保障。最富有创见的是建立健全经济社会发展考核评价体系，

落实领导干部任期生态文明建设责任制。建立生态考核制度，衡量一个地区的经济是否过关，不仅只关注 GDP 的高低，更应该看当地经济的发展是不是以资源的高消耗和环境的高污染为代价的，不应为了发展经济而降低人们的生活质量，只有把生态环境考核评价指标纳入经济发展考核评价体系中，才能更有效地保持生态良好。要建立责任追究制度，主要是对领导干部的生态责任进行追究，对那些不顾生态环境盲目决策、造成严重后果的人，必须追究其责任，而且应当终身追究和问责。

（一）建立健全经济社会发展考核评价体系

生态文明制度建设最重要的是要建立健全经济社会发展考核评价体系，把体现生态文明建设状况的指标纳入经济社会发展评价体系，使之成为推进生态文明建设的重要导向和约束。习近平总书记强调我们一定要转变观念，再也不能以 GDP 增长率来论英雄，一定要把生态环境放在经济社会发展评价体系的突出位置。如果生态环境指标很差，一个地方、一个部门的表面成绩再好看也不行，不说一票否决，但这一票一定要占很大的权重。①

生态文明建设目标评价考核制度全面实施，具体表现在"一个办法、两个体系"，即中共中央办公厅、国务院办公厅印发的《生态文明建设目标评价考核办法》（以下简称《办法》），

---

① 习近平：《坚持节约资源和保护环境基本国策　努力走向社会主义生态文明新时代》，载《人民日报》，2013 年 5 月 25 日。

国家统计局、中央组织部等四部门发布的《绿色发展指标体系》和《生态文明建设考核目标体系》。《办法》用于评价地方政府开展生态文明建设的成效如何，党中央、国务院确定的重大目标任务有没有实现，老百姓在生态环境改善上有没有获得感。《办法》采取年度评价和五年考核相结合的方式，多项考核指标纳入党政领导干部评价考核体系，是领导干部落实生态文明建设责任的依据。

如何完善经济社会发展考核评价体系呢？落实生态责任，强调对干部的政绩评估考核，严惩资源浪费、环境污染和生态破坏等行为，维护公众的环境权益。习近平总书记强调要把资源消耗、环境损害、生态效益等体现生态文明建设状况的指标纳入经济社会发展评价体系，建立体现生态文明要求的目标体系、考核办法、奖惩机制，使之成为推进生态文明建设的重要导向和约束。①例如，针对水资源浪费问题，习近平总书记曾明确指出要"把节水纳入严重缺水地区的政绩考核""要像节能那样把节水作为约束性指标纳入政绩考核，非此不足以扼制拿水不当回事的观念和行为。如果全国尚不具备条件，可否在严重缺水地区先试行，促使这些地区像抓节能减排那样抓好节水。"

（二）落实领导干部任期生态文明建设责任制

对我国的地方官员来说，政绩考核相当于"指挥棒"，指导

---

① 习近平：《坚持节约资源和保护环境基本国策　努力走向社会主义生态文明新时代》，载《人民日报》，2013 年 5 月 25 日。

着他们如何做。政绩考核体系的"唯 GDP"取向，使得地方政府特别重视经济建设，将主要精力和资源用于招商引资、房地产等可以拉动 GDP 增长的事务，而对生态建设、社会民生等领域重视不够，留下了很多欠账。习近平总书记指出，生态环境保护能否落到实处，关键在领导干部。一些重大生态环境事件背后，都有领导干部不负责任、不作为的问题，都有一些地方环保意识不强、履职不到位、执行不严格的问题，都有环保有关部门执法监督作用发挥不到位、强制力不够的问题。因此，党的十八大以来，我国开创性地对领导干部实行自然资源资产离任审计，探索建立自然资源资产负债表、自然资源资产责任终身制等具有中国特色的生态文明重大制度，落实领导干部任期生态文明建设责任制。

第一，要实行自然资源资产离任审计。自然资源资产离任审计为生态环境保护责任的追究考评提供了基本依据，是生态文明建设领域的重大突破。党的十八届三中全会通过的《中共中央关于全面深化改革若干重大问题的决定》，对领导干部自然资源资产离任审计作出明确部署。2015 年，中共中央、国务院印发的《生态文明体制改革总体方案》提出构建起由自然资源资产产权制度等八项制度构成的生态文明制度体系，将领导干部自然资源资产离任审计纳入生态文明绩效评价考核和责任追究制度。《生态文明体制改革总体方案》明确规定："对领导干部实行自然资源资产离任审计。在编制自然资源资产负债表和合理考虑客观自然因素基础上，积极探索领导干部自然资源资产离任审计的目标、内容、方法和评价指标体系。以领导干部任期内辖区自然资源资产变化状况为基础，通过审计，客观评价领导干部履行自然资源资产管理责任情况，依法界定领导干部应当承担的责任，加强审计结果运用。在内蒙古呼伦贝尔市、浙江湖州市、湖南娄底市、贵州赤水市、陕西延安市开展自然资源资产负债表编制试点和领导干部自然资源资产离任审计试点。"①2017 年，习近平总书记在十八届中央政治局第四十一次集体学习时的讲话中又提到要认真贯彻依法依规、客观公正、科学认定、权责一致、终身追究的原则。实行离任审计，对那些追求一时政绩、不顾生态环境盲目决策而造成严重后果者，实行"零容忍"，严格追究其责任，而且是终身追究责任。

　　第二，要建立自然资源资产负债表。自然资源资产负债表是自然资源资产核算制度的重要内容，是摸清自然资源资产"家底"，全面反映经济社会活动的资源消耗、环境代价和生态效益的基本手段，是政府进行科学决策、生态环境评价考核、生态补偿的重要支撑，也是开展领导干部自然资源资产离任审计的重要依据。编制自然资源资产负债表可以形成激励机制和约束机制，促进生态文明建设。《中共中央关于全面深化改革若干重大问题的决定》、《中共中央　国务院关于加快推进生态文明建设的意见》和《生态文明体制改革总体方案》先后提出要推进自然资源资产负债表编制工作。2015 年 11 月，国务院办公厅印

---

① 《中共中央　国务院印发〈生态文明体制改革总体方案〉》，北京：人民出版社，2015 年版，第 25 页。

发了《编制自然资源资产负债表试点方案》。2017 年 6 月，中央全面深化改革领导小组通过了《领导干部自然资源资产离任审计暂行规定》。《生态文明体制改革总体方案》规定要构建水资源、土地资源、森林资源等的资产和负债核算方法，建立实物量核算账户，明确分类标准和统计规范，定期评估自然资源资产变化状况。自然资源资产负债表的建立始终坚持以下原则：坚持整体设计、突出核算重点、注重质量指标、确保真实准确、借鉴国际经验。通过探索编制自然资源资产负债表，推动建立健全科学规范的自然资源统计调查制度，努力摸清自然资源资产的"家底"及其变动情况，为推进生态文明建设、有效保护和永续利用自然资源提供信息基础、监测预警和决策支持。

第三，要实行自然资源资产责任终身制。党的十八届三中全会审议通过的《中共中央关于全面深化改革若干重大问题的决定》提出"探索编制自然资源资产负债表，对领导干部实行自然资源资产离任审计，建立生态环境损害责任终身制"，吹响了领导干部自然资源资产离任审计的号角，将加强生态文明建设从意识形态领域向战略实施迈进，凸显了政府审计的国家治理功能。2015 年 7 月，中央全面深化改革领导小组第十四次会议审议通过了《党政领导干部生态环境损害责任追究办法（试行）》（以下简称《办法》），这是生态文明建设领域的又一重大制度安排，为实施生态环境损害责任追究制度提供了依据。《办法》对生态环境损害的追责主体、责任情形、追究形式、追责程序等做出规定，总体上形成了比较完善的制度框架体系。

2016 年 1 月，党的十八届四中全会通过的《中共中央关于全面推进依法治国若干重大问题的决定》明确提出"建立重大决策终身责任追究制度及责任倒查机制，决策严重失误或者依法应该及时作出决策但久拖不决造成重大损失、恶劣影响的，严格追究行政首长、负有责任的其他领导人员和相关责任人员的法律责任。"这为进一步实施生态环境损害责任终身追究制度提供了依据。习近平总书记对为什么要实行领导干部的自然资源资产终身责任制及如何实施都做了明确的表述，以自然资源资产离任审计结果和生态环境损害情况为依据，明确对地方党委和政府领导班子主要负责人、有关领导人员、部门负责人的追责情形和认定程序，让"绿色指挥棒"更具针对性、合理性和科学性，努力追求"绿色 GDP"，考核出绿色发展高质量的新经济。

追究是为了负责，只有干部树立起强烈的生态意识、责任意识，才能保护好生态。习近平总书记在十八届中央政治局第六次集体学习时讲到"要建立责任追究制度，我这里说的主要是对领导干部的责任追究制度。对那些不顾生态环境盲目决策、造成严重后果的人，必须追究其责任，而且应该终身追究。"责任终身追究制度的建立改变了领导干部的"升迁锦标赛"考核因素的结构，有利于领导干部在追求经济效益的同时更加推动环境保护政策的落实。

二、完善自然资源资产产权制度

推进生态文明体制改革要搭好基础性框架，构建产权清晰、多元参与、激励约束并重、系统完整的生态文明制度体系，要建立归属清晰、权责明确、监管有效的自然资源资产产权制度。自然资源资产产权制度是生态文明制度体系中的基础性制度。习近平总书记指出："健全国家自然资源资产管理体制是健全自然资源资产产权制度的一项重大改革，也是建立系统完备的生态文明制度体系的内在要求。"当前我国生态文明制度建设取得了一定成效，但仍存在不全面、不系统、不落实问题。这些问题的存在，根源即在于制度的不完善、不健全，比如产权制度的模糊制约了生态文明建设的开展。

（一）明确自然资源资产产权

自然资源资产产权制度的关键是明晰自然资源产权，并通过合理定价反映自然资源的真实成本，使市场同样在生态环境资源的配置中起决定作用。党的十八届三中全会提出要"健全国家自然资源资产管理体制，统一行使全民所有自然资源资产所有者职责"，这是健全自然资源资产产权制度的一项重大改革，也是建立系统完备的生态文明制度体系的内在要求。党的十九大以来，新的自然资源部已组建，将统一行使全民所有自然资源资产所有者等职责。我国的自然资源资产归国家和集体所有，两者共同享有自然资源资产的福利且相互监督，面对不同的自然资源资产产权主体，其最关键的是明晰产权，即产权主体依法对特定资产所有、支配、承担的责任及获取相应收益的权利。但针对当前一些地区的环境污染问题，如过度消耗自然资源资产、自然资源用途管制的缺失、产权主体之间的利益冲突及自然资源资产存量减少等，都反映出产权边界不清晰的问题。因此，必须加快建立健全自然资源资产产权制度，对土地、水流、森林、大气、草原、海洋、荒地等自然生态空间进行统一确权，以规范的法律制度明晰产权主体及其关系，不仅可以激励产权主体有效利用资源，获得使用资源的利益，同时也督促产权主体承担保护资源的责任，发挥市场在资源配置中的基础性作用。

健全自然资源资产产权制度是我国生态文明制度建设的重要内容，而自然资源确权登记工作是推动自然资源资产产权制度改革的基础环节。2013 年，《中共中央关于全面深化改革若干重大问题的决定》中指出“我国生态环境保护中存在的一些突出问题，一定程度上与体制不健全有关，原因之一是全民所有自然资源资产的所有权人不到位，所有权人权益不落实”。[①] 习近平总书记强调自然资源资产产权不清、权责不明，保护就会落空。他以水为例，指出：“水是公共产品，政府既不能缺位，更不能手软，该管的要管，还要管严、管好。水治理是政府的主要职责，首先要做好的是通过改革创新，建立健全一系列制度。湖泊湿地被滥占的一个重要原因是产权不到位、管理者不到位，到底是中央部门直接行使所有权人职责，还是授权地方的某一级政府行使所有权人职责？所有权、使用权、管理权是

---

① 习近平：《关于〈中共中央关于全面深化改革若干重大问题的决定〉的说明》，载《人民日报》，2013 年 11 月 16 日。

什么关系？产权不清、权责不明，保护就会落空，水权和排污权交易等节水控污的具体措施就难以广泛施行。有关部门在做好日常性建设投资和管理工作的同时，要拿出更多时间和精力去研究制度建设。"[1]

（二）完善自然资源监管体制

自然资源资产产权制度是生态文明制度体系中的基础性制度，关系自然资源资产的开发、利用、保护等各方面。针对全民所有自然资源资产的所有权人不到位这一问题，《中共中央关于全面深化改革若干重大问题的决定》提出健全国家自然资源资产管理体制的要求，认为健全国家自然资源资产管理体制是健全自然资源资产产权制度的一项重大改革，也是建立系统完备的生态文明制度体系的内在要求。[2]习近平总书记指出："总的思路是，按照所有者和管理者分开和一件事由一个部门管理的原则，落实全民所有自然资源资产所有权，建立统一行使全民所有自然资源资产所有权人职责的体制。国家对全民所有自然资源资产行使所有权并进行管理和国家对国土范围内自然资源行使监管权是不同的，前者是所有权人意义上的权利，后者是管理者意义上的权力。这就需要完善自然资源监管体制，统一行使所有国土空间用途管制职责，使国有自然资源资产所有权

---

[1]　中共中央文献研究室：《习近平关于社会主义生态文明建设论述摘编》，北京：中央文献出版社，2017 年版，第 105 页。
[2]　习近平：《关于〈中共中央关于全面深化改革若干重大问题的决定〉的说明》，载《人民日报》，2013 年 11 月 16 日。

人和国家自然资源管理者相互独立、相互配合、相互监督。"①

在完善自然资源监管体制方面，需要建立健全自然资源资产的现代监管体系；开展周期性自然资源资产调查与评估；加快研究分类分区的自然资源资产评估、核算技术方法体系；完善国家自然资源资产调查与监测试验台站体系。习近平总书记在中央财经领导小组第五次会议上的讲话中要求落实生态空间用途管制，继续严格实行耕地用途管制，更是把这一制度扩大到林地、草地、河流、湖泊、湿地等所有生态空间。

三、建立自然资源保护制度与生态产品价值实现机制

保护环境和合理利用自然资源是实现人类社会可持续发展的前提和关键。习近平总书记指出，我们要建设的现代化是人与自然和谐共生的现代化，既要创造更多物质财富和精神财富以满足人民日益增长的美好生活需要，也要提供更多优质生态产品以满足人民日益增长的优美生态环境需要。通过完善自然资源保护制度、完善自然资源资产有偿使用制度、探索建立生态产品价值实现机制，积极探索绿水青山变成金山银山的有效路径。

（一）完善自然资源保护制度

生态环境问题归根到底是资源过度开发、粗放利用、奢侈消费造成的。习近平总书记强调自然资源保护非常重要，他指

---

① 习近平：《关于〈中共中央关于全面深化改革若干重大问题的决定〉的说明》，载《人民日报》，2013 年 11 月 16 日。

出，资源开发利用既要支撑当代人过上幸福生活，也要为子孙后代留下生存根基，要给子孙后代留下一些自然遗产。①在十八届中央政治局第四十一次集体学习时，习近平总书记强调要实行最严格的自然资源保护制度，要树立节约集约循环利用的资源观，实行最严格的耕地保护、水资源管理制度，强化能源和水资源、建设用地总量和强度双控管理。①全面推动重点领域低碳循环发展，加强高能耗行业能耗管理，强化建筑、交通节能，发展节水型产业，推动各种废弃物和垃圾集中处理和资源化利用。①要提高自然资源利用效率，用最少的资源环境代价取得最大的经济社会效益。

在 2016 年的中央财经工作会议上，习近平总书记特别就森林资源的保护发表了重要讲话，他指出："森林关系国家生态安全。要着力推进国土绿化，坚持全民义务植树活动，加强重点林业工程建设，实施新一轮退耕还林。要着力提高森林质量，坚持保护优先、自然修复为主，坚持数量和质量并重、质量优先，坚持封山育林、人工造林并举。要完善天然林保护制度，宜封则封、宜造则造，宜林则林、宜灌则灌、宜草则草，实施森林质量精准提升工程。要着力开展森林城市建设，搞好城市内绿化，使城市适宜绿化的地方都绿起来。搞好城市周边绿化，充分利用不适宜耕作的土地开展绿化造林；搞好城市群绿化，扩大城市之间的生态空间。要着力建设国家公园，保护自然生

---

① 习近平：《推动形成绿色发展方式和生活方式　为人民群众创造良好生产生活环境》，载《人民日报》，2017 年 5 月 28 日。

态系统的原真性和完整性，给子孙后代留下一些自然遗产。要整合设立国家公园，更好保护珍稀濒危动物。"①对森林资源保护的深刻认识充分体现出习近平总书记对完善自然资源保护制度的高度重视。

（二）完善自然资源资产有偿使用制度

完善自然资源资产有偿使用制度，在促进自然资源保护和合理利用、维护国家所有者和使用者合法权益、夯实生态文明制度基础、加快美丽中国建设等方面发挥着十分重要的作用。习近平总书记指出要"加快自然资源及其产品价格改革，完善资源有偿使用制度"②。"从制度上来说，我们要建立反映市场供求和资源稀缺程度、体现生态价值、代际补偿的资源有偿使用制度……强化制度约束作用。"③在《关于〈中共中央关于制定国民经济和社会发展第十三个五年规划的建议〉的说明》中指出："'十一五'规划首次把单位国内生产总值能源消耗强度作为约束性指标，'十二五'规划提出合理控制能源消费总量。根据当前资源环境面临的严峻形势，在继续实行能源消费总量和消耗强度双控的基础上，水资源和建设用地也要实施总量和

---

① 习近平：《在中央财经领导小组第十二次会议上的讲话》，载《人民日报》，2016 年 1 月 27 日。
② 习近平：《推动形成绿色发展方式和生活方式　为人民群众创造良好生产生活环境》，载《人民日报》，2017 年 5 月 28 日。
③ 中共中央文献研究室：《习近平关于社会主义生态文明建设论述摘编》，北京：中央文献出版社，2017 年版，第 100 页。

强度双控，作为约束性指标，建立目标责任制，合理分解落实。要研究建立双控的市场化机制，建立预算管理制度、有偿使用和交易制度，更多用市场手段实现双控目标。"[①]

实行自然资源有偿使用能促进自然资源的节约利用和提高资源的利用效率。推进全民所有自然资源资产有偿使用制度改革的总体思路是以保护优先、合理利用为导向，以用途管制、依法管理为前提，以明晰产权、丰富权能为基础，以市场配置、完善规则为重点，以开展试点、健全法治为路径，以创新方式、加强监管为保障。在具体做法上，习近平总书记指出要系统考虑税收和价格手段，区分生产者和消费者、饮用水和污水、地表水和地下水、城市用水和乡村用水、工业用水和农业用水等，实施水资源税、原水水费、自来水费、污水处理费等。总之，通过推进改革，力争到 2020 年，基本建立产权明晰、权能丰富、规则完善、监管有效、权益落实的全民所有自然资源资产有偿使用制度，使全民所有自然资源资产使用权体系更加完善，市场配置资源决定性作用和政府的服务监管作用充分发挥，所有者和使用者权益得到切实维护，自然资源保护和合理利用水平显著提升，自然资源开发利用和保护的生态、经济和社会效益实现有机统一。[②]

---

① 习近平：《关于〈中共中央关于制定国民经济和社会发展第十三个五年规划的建议〉的说明》，载《人民日报》，2015 年 11 月 4 日。
② 国务院：《关于全民所有自然资源资产有偿使用制度改革的指导意见》，http://www.gov.cn/zhengce/content/2017-01/16/content_5160287.htm.

（三）探索建立生态产品价值实现机制

习近平总书记指出："我们要建设的现代化是人与自然和谐共生的现代化，既要创造更多物质财富和精神财富以满足人民日益增长的美好生活需要，也要提供更多优质生态产品以满足人民日益增长的优美生态环境需要。"①2018 年 4 月 26 日，习近平总书记在深入推动长江经济带发展座谈会上讲话时明确指出，要积极探索推广绿水青山转化为金山银山的路径，选择具备条件的地区开展生态产品价值实现机制试点，探索政府主导、企业和社会各界参与、市场化运作、可持续的生态产品价值实现路径。

探索生态产品价值实现机制是习近平总书记"绿水青山就是金山银山"理念上升到"绿水青山就是金山银山"理论的路径和通道，是实现"绿水青山就是金山银山"的核心要义，是践行"绿水青山就是金山银山"的重要举措，是完善主体功能区战略和制度的重要途径，对科学有效挖掘生态价值、建立保护生态环境就是生产力的利益导向机制、推进经济社会发展与生态环境保护相协调具有重大意义。创新生态产品价值实现机制，推进绿色发展，可围绕"生态产品价值评估核算、生态产品价值挖掘和交易市场培育、政策制度体系创新、生态环境保

---

① 习近平：《决胜全面建成小康社会　夺取新时代中国特色社会主义伟大胜利——在中国共产党第十九次全国代表大会上的报告》，北京：人民出版社，2017 年版，第50 页。

护治理"等方面进行深入研讨，共同寻求维护良好生态环境、充分体现生态系统价值的有效路径和模式。

生态产品的价值实现机制是践行"绿水青山就是金山银山"理念的核心路径，是转换"绿水青山就是金山银山"通道的有效途径，也是落实可持续发展议程需要解决的一个重大课题。国务院印发《关于完善主体功能区战略和制度的若干意见》，江西、浙江、青海和贵州被列为生态产品价值实现试点，各地积极开展国家生态产品价值实现机制试点工作，加快研究制订试点实施方案，开展市县试点，围绕科学评估核算生态产品价值、培育生态产品交易市场、创新生态产品资本化运作模式、建立政策制度保障体系等方面进行探索实践，积极寻求生态产品价值实现、让绿水青山真正变为金山银山的有效路径，为全国提供可复制、可推广的经验和借鉴。

四、理顺生态环境保护管理体制

习近平总书记指出，要把制度建设作为推进生态文明建设的重中之重，着力破解制约生态文明建设的体制机制障碍。《"十三五"生态环境保护规划》指出，以提高环境质量为核心，实现最严格的环境保护制度。通过改革生态环境监管体制、完善环境监测预警机制、加强环保违法行为的查处，强化生产者环境保护的法律责任，大幅提高违法成本，完善法律制度，促进生态文明建设。

（一）改革生态环境监管体制

加快深化生态环境保护管理体制改革、建立与生态文明建设要求相适应的生态环境保护管理体制已经成为实现国家环境治理现代化、建设生态文明的紧迫要求。现行以快为主的地方环保管理体制，使一些地方重发展轻环保、干预环保监测监察执法，使环保责任难以落实，有法不依、执法不严、违法不究现象大量存在。综合起来，现行环保体制存在四个突出问题：一是难以落实对地方政府及其相关部门的监督责任，二是难以解决地方保护主义对环境监测监察执法的干预，三是难以适应统筹解决跨区域、跨流域环境问题的新要求，四是难以规范和加强地方环保机构队伍建设。

《中共中央关于全面深化改革若干重大问题的决定》提出紧紧围绕建设美丽中国深化生态文明体制改革，加快建立生态文明制度，健全国土空间开发、资源节约利用、生态环境保护的体制机制，并对改革生态环境保护管理体制作出了具体部署。这对进一步加强生态环境保护、大力推进生态文明建设具有重大作用。习近平总书记指出，要加强对生态文明建设的总体设计和组织领导，设立国有自然资源资产管理和自然生态监管机构，完善生态环境管理制度，统一行使全民所有自然资源资产所有者职责，统一行使所有国土空间用途管制和生态保护修复职责，统一行使监管城乡各类污染排放和行政执法职责。构建国土空间开发保护制度，完善主体功能区配套政策，建立以国家公园为主体的自然保护地体系。坚决制止和惩处破坏生态环境行为。[①]

　　改革生态环境保护管理体制，必须以推进生态文明建设、建设美丽中国为根本指向，坚持新型工业化、信息化、城镇化、农业现代化同步发展，牢固树立保护生态环境就是保护生产力、改善生态环境就是发展生产力的理念，坚持保护优先方针，不断探索环境保护新路，从宏观战略层面切入，从再生产全过程着手，从形成山顶到海洋、天上到地下的一体化污染物统一监管模式着力，准确把握和自觉遵循生态环境特点和规律，维护生态环境的系统性、多样性和可持续性，增强环境监管的统一性和有效性。省以下环保机构监测监察执法垂直管理，主要指省级环保部门直接管理市（地）县的监测监察机构，承担其人员和工作经费，市（地）级环保局实行以省级环保厅（局）为主的双重管理体制，县级环保局不再单设而是作为市（地）级环保局的派出机构。这是对我国环保管理体制的一项重大改革，有利于增强环境执法的统一性、权威性、有效性。这项改革要在试点基础上全面推开，力争"十三五"时期完成改革任务。[②]

---

① 习近平：《决胜全面建成小康社会　夺取新时代中国特色社会主义伟大胜利——在中国共产党第十九次全国代表大会上的报告》，北京：人民出版社，2017 年版，第 52 页。

② 习近平：《关于〈中共中央关于制定国民经济和社会发展第十三个五年规划的建议〉的说明》，载《人民日报》，2015 年 11 月 4 日。

（二）完善环境监测预警机制

习近平总书记指出"要建立大气环境承载能力监测预警机制，确定大气环境承载能力红线，当接近这一红线时便及时提出警告警示"[①]。"加强对农产品生产环境的管理，完善农产品产地环境监测网络，切断污染物进入农田的链条。"[②]资源环境承载能力监测预警长效机制的建立，是适应我国国情特点、推动绿色发展的必然要求，是化解资源环境"瓶颈"制约的现实选择，是提高空间开发管控水平的重要途径。

要抓紧对全国各县进行资源环境承载能力评价，抓紧建立资源环境承载能力监测预警机制。习近平总书记在中央财经领导小组第五次会议上指出："我到过的好几个县、地级市，都说要迁城，为什么要迁呢？没水了。缺水就迁城，要花好多钱。所以，水资源、水生态、水环境超载区域要实行限制性措施，调整发展规划，控制发展速度和人口规模，调整产业结构，避免犯历史性错误。"中共中央办公厅、国务院办公厅印发的《关于建立资源环境承载能力监测预警长效机制的若干意见》（以下简称《意见》）指出，我国要建立手段完备、数据共享、实时高效、管控有力、多方协同的资源环境承载能力监测预警长效机制，为构建高效协调可持续的国土空间开发格局奠定坚实基础。

---

① 习近平：《立足优势　深化改革　勇于开拓　在建设首善之区上不断取得新成绩》，载《人民日报》，2014年2月27日。
② 中共中央文献研究室：《十八大以来重要文献选编》（上），北京：中央文献出版社，2014年版，第674页。

怎样建立资源环境承载力监测预警机制？落实主体功能区战略，划定生态红线；科学测算资源环境承载力；努力建立资源环境承载力统计监测工作体系，加强基础能力建设；努力建立资源环境承载力预警响应机制。《意见》还提出了建设监测预警数据库和信息技术平台、建立一体化监测预警评价机制、建立监测预警评价结论统筹应用机制、建立政府与社会协同监督机制等一系列管理机制。完善资源环境承载力监测预警机制有利于落实主体功能区战略，建立完善科学的空间规划体系，加强生态环境的保护、恢复和监管，是建设美丽中国、实现生态文明的重要改革部署。

（三）加强环保违法行为的查处

习近平总书记强调只有实行最严格的制度、最严明的法治，才能为生态文明建设提供可靠保障。打好污染防治攻坚战，要明确目标任务，到 2020 年使主要污染物排放总量大幅减少，生态环境质量总体改善；要细化打好污染防治攻坚战的重大举措，层层抓落实，动员社会各方力量，群防群治；要在环境保护、环境监管、环境执法上添一些硬招。①生态环境部要求，各地生态环境主管部门要加强重点案件督办，加强对查处工作的检查和监督；要加大信息公开力度，及时公布公众举报件办理情况，充分发挥媒体和公众监督作用，切实做到"有报必接、违法必

---

① 《中共十八届四中全会在京举行》，载《人民日报》，2014 年 10 月 24 日。

查，事事有结果、件件有回音"。

首先，各级党委要重视。"绿水青山不仅是金山银山，也是人民群众健康的重要保障。对生态环境污染问题，各级党委和政府必须高度重视，要正视问题、着力解决问题，而不要去掩盖问题。"① "在生态环境保护问题上，就是要不能越雷池一步，否则就应该受到惩罚。"② "对破坏生态环境的行为，不能手软，不能下不为例。"③习近平总书记关于环保违法行为的一系列讲话中的强硬语气，透露出对这一问题的严肃态度。

其次，要严格执法。"政府要强化环保、安全等标准的硬约束，对不符合环境标准的企业，要严格执法，该关停的要坚决关停。国有企业要带头保护环境、承担社会责任。要抓紧修订相关法律法规，提高相关标准，加大执法力度，对破坏生态环境的要严惩重罚。要大幅提高违法违规成本，对造成严重后果的要依法追究责任。"④ "要按照绿色发展理念，实行最严格的生态环境保护制度，建立健全环境与健康监测、调查、风险评估制度，重点抓好空气、土壤、水污染的防治，加快推进国土绿化，治理和修复土壤特别是耕地污染，全面加强水源涵养

① 中共中央文献研究室：《习近平关于社会主义生态文明建设论述摘编》，北京：中央文献出版社，2017 年版，第 90 页。
② 中共中央文献研究室：《习近平关于社会主义生态文明建设论述摘编》，北京：中央文献出版社，2017 年版，第 99 页。
③ 中共中央文献研究室：《习近平关于社会主义生态文明建设论述摘编》，北京：中央文献出版社，2017 年版，第 107 页。
④ 中共中央文献研究室：《习近平关于社会主义生态文明建设论述摘编》，北京：中央文献出版社，2017 年版，第 103 页。

和水质保护，综合整治大气污染特别是雾霾问题，全面整治工业污染源，切实解决影响人民群众健康的突出环境问题。"① 习近平总书记强调，要持续保持高压态势，强化环境执法监管，坚决扛起生态文明建设和环境保护的政治责任。

最后，要加大环境督查工作力度。要"严肃查处违纪违法行为，着力解决生态环境方面突出问题，让人民群众不断感受到生态环境的改善。"他说："我对生态环境保护始终高度关注，对一些破坏生态环境的事件格外警惕，近年来多次就此作出批示，要求整改查处，其中就包括 2014 年 8 月、9 月对青海祁连山自然保护区和木里矿区破坏性开采作出的批示。你们针对问题进行了综合整治，取得初步成效。今后，对这类问题要敢于担当、主动作为，不要等到我们中央的同志批示了才行动。发现问题就要扭住不放、一抓到底，不彻底解决绝不松手；同时，要举一反三，从根上解决问题，避免同样的问题在其他地方重复发生。"②

第二节　生态文明制度建设重要论述在江西的生动实践

江西省以建设国家生态文明试验区为契机，深入开展生态文明体制改革综合试验，以机制创新、制度供给、模式探索为

① 中共中央文献研究室：《习近平关于社会主义生态文明建设论述摘编》，北京：中央文献出版社，2017 年版，第 90～91 页。
② 中共中央文献研究室：《习近平关于社会主义生态文明建设论述摘编》，北京：中央文献出版社，2017 年版，第 109 页。

重点，构建具有江西特色、系统完整的生态文明制度体系，为推进生态治理体系和治理能力现代化提出了六大制度体系的基本框架，即构建山水林田湖草系统保护与综合治理制度体系、构建最严格的环境保护与监管体系、构建促进绿色产业发展的制度体系、构建环境治理和生态保护市场体系、构建绿色共享共治制度体系、构建全过程的生态文明绩效考核和责任追究制度体系。根据十八届三中全会《中共中央关于全面深化改革若干重大问题的决定》，按照"源头严防、过程严管、后果严惩"的总体思路，大胆先行先试，全面深化生态文明体制机制改革创新，开发生态制度红利。

一是建立健全"源头严防"制度体系。建立符合生态文明建设要求的环境保护目标体系、统计体系与核算制度。划定生态保护红线，是全国第三个正式实施生态保护红线的省份；实行水资源红线制度、土地资源红线制度，完善自然资源产权制度，启动水流、森林、山岭、荒地、滩涂等自然生态空间统一确权登记试点工作；健全空间管控制度，多个市县开展"多规合一"试点；深入实施《江西省主体功能区规划》，推动 26 个国家重点生态功能区全面实行产业准入"负面清单"制度。围绕生态保护红线，建立严格的环境准入制度，强化污染企业停产治理、淘汰和退出。改革和完善环境影响评价制度，将环境质量改善和环境风险可接受水平作为环境影响评价的基本准则，以是否能促进环境质量改善为评估标准，开展战略环评、规划环评、政策环评和项目环评。建立重大项目（政策）社会风险评估制度，健全社会风险民意沟通和利益诉求机制，强化社会风险化解工作机制。

二是建立健全"过程严管"制度体系。建立能够充分体现地方政府环境保护工作实绩的领导干部政绩评价考核制度。建立统一公平、覆盖主要污染物的排放许可制度。探索深化以环境容量为基础、以环境质量为导向的总量控制制度。建立最严格的环境排放标准体系，充分发挥环境标准的引领和导向性作用。建立严格监管所有污染物排放的环境监管和行政执法制度，探索环保部门和公安部门联合执法的联动机制，推动建立从中央到地方的环保警察队伍。江西通过完善"河长制"，建立健全区域与流域相结合的 5 级河长组织体系和区域、流域、部门协作联动机制。完善环境管理与督察制度，推进流域水环境监测事权改革，将流域断面水质自动监测事权上收，出台了《江西省生态环境保护督察工作实施办法》，基本建立市县城乡生活垃圾一体化处理、一个部门管理、一个主体运营的新机制。

三是建立健全"后果严惩"制度体系。推行党政领导干部生态环境审计和终身责任追究制度，对不顾生态环境盲目决策、造成生态环境损害严重后果的官员，实施终身责任追究，包括政治责任和法律责任的追究。建立生态环境损害赔偿和刑事责任追究制。强化生态环境损害赔偿和责任追究，建立环境损害鉴定评估机制，健全环境公益诉讼制度，完善环境审判体制机制，探索建立环境污染损害赔偿基金制度。完善考核评价机制，优化市县级科学发展综合考核评价体系，提高生态文明建设状况在考核中的权重。建立生态文明建设评价指标体系，并在南昌、赣州等地开展试点。探索自然资源资产负债表及离任审计制度，出台《江西省党政领导干部自然资源资产离任审计实施意见》，完成萍乡等地试点审计。完善生态环境损害责任追究制度，出台《江西省党政领导干部生态环境损害责任追究实施细则》，建立精准追责机制。

通过以上措施，形成了具有江西特色、系统完整的一套生态文明制度体系。

一、构建全过程的考核评价与责任追究制度，破解科学导向落实难题

为促进生态文明建设，江西在考核评价与责任追究制度上大胆先行先试，以生态文明建设为导向对考核评价与责任追究制度进行改革创新。

江西省早在 2013 年就建立了一套市县科学发展综合考核评价指标体系，并逐年加大对生态文明建设的考评力度，突出绿色发展"指挥棒"作用，突出生态文明建设导向，不断调整完善市县科学发展综合考核评价指标体系。

2016 年，江西"两会"在全国首开先例，在省级人民代表大会上专门听取和审议生态环境报告。2017 年 6 月，江西省正式出台《生态文明建设目标评价考核办法（试行）》，按照经济社会发展综合水平将 100 个县（市、区）分为重点开发区、农产品主产区、重点生态功能区进行分类考核，在市县综合考核

评价指标体系中将"生态文明"列为一级指标并提高权重。建立生态文明建设评价指标体系，增加循环经济、工业园区污水处理、农村生活垃圾处理、用水总量控制、节约集约用地等 5 个考核指标，一类县、二类县、三类县生态文明建设考评分值占比分别由 12.7%、16.0% 和 19.3% 提高到 15.7%、18.6% 和 22.6%。评价考核实行"党政同责"，市、县（区）党委和政府领导成员生态文明建设"一岗双责"。考核结果作为地方党政领导班子和领导干部综合考核评价、干部奖惩任免的重要依据。

　　另外，为加强领导对生态文明建设的重视，印发《江西省党政领导干部生态环境损害责任追究实施细则（试行）》，严肃查处生态环境保护方面的失职失责行为，对环境保护方面的焦点事件和苗头问题，迅速反应、及时跟进；对问题突出的地方和碰"红线"、触"底线"的问题，严肃问责，为国家生态文明试验区建设提供坚强的纪律保障。同时，为探索编制自然资源资产负债表，指导试点地区探索形成可复制、可推广的编表经验，推动建立健全科学规范的自然资源统计调查制度，江西省人民政府办公厅于 2016 年印发《江西省编制自然资源资产负债表试点方案》，以土地资源、林木资源和水资源为核算内容，选取宜春市、抚州市、兴国县和安福县四地开展编制自然资源资产负债表试点工作，目前各地试点工作已经完成并通过验收。

　　资溪县多年来的实践是江西在生态文明考核评价与责任追究制度改革的一个缩影。2001 年，资溪县本着生态立县的理念，以壮士断腕的决心，一举砍掉香菇产业，关停污染工业和小木竹加工企业，压缩花岗石生产，致使该县当年税收锐减 1000 多万元，占当时县财政收入的一半。面对流走的重大经济损失，部分人开始动摇。为巩固生态立县成果，防止污染企业死灰复燃，该县决定对乡镇（场）及林业、农业等县直单位负责人实行生态保护责任审计，审计结果作为干部使用的重要依据并记入个人档案，确保干部不会"生态好了，政绩没了"。

"生态审计"之初，主要控制的是污染反弹、生态破坏，约束的是领导干部的决策行为和行动目标，考核部门以县委组织部为主。随着生态立县、绿色发展战略的深入推进，尤其是面临发展生态旅游、有机农业的需要，资溪生态建设的目标也从绿色资溪—生态资溪—纯净资溪不断优化，考核指标也由水质标准、森林覆盖率等主要生态指标，逐步细化到空气负氧离子含量、单位 GDP 耗水量、垃圾和污水无害化处理、农药和化肥的使用等，使领导干部的政绩融入绿水青山。

2015 年，资溪"生态审计"考核全面升级。当年年底，县审计局会同县委组织部、县纪委监察局、县国土局等单位，按照 2013 年出台的"生态审计"试行办法，对 12 个乡镇（场）和县林业局、县环保局等 10 个部门领导干部 2014—2015 年度履行生态文明建设责任情况进行审计，审计结果由县委、县政府通报全县，并提出整改意见。同时，制订《资溪县领导干部自然资源资产离任审计工作方案》，对"生态审计"的全过程进行了规范，使审计内容在继承和延续以往经验做法的基础上，拓展为土地、矿产、水、森林资源及农业渔业生产、环境保护、其他生态责任等 7 个方面，使"生态审计"走向系统化、规范化、法治化、科学化。对"生态审计"审计不及格的实行"一票否决"，先后有 18 名干部因此受到免职和降级等处分。

2017 年，资溪县再次升级"生态审计"考核，建立自然资源资产负债表，对领导干部开展自然资源资产离任审计。将自然资源资产负债表中森林覆盖率、泸溪河断面水质、湿地保有量等主要自然资源资产实物量的增减和生态环境质量相关指标的变化情况作为在此期间任职领导干部自然资源资产开发利用和生态环境保护责任的评价依据，并通过审计揭示问题、分析原因、界定责任，落实生态保护"党政同责"和"一岗双责"。

江西省通过生态考核评价与责任追究制度的改革创新，避免了"生态保护好，政绩考核差"的现象，扭转了"宁要经济分，不要生态分"的观念，各地对生态文明建设工作实现了从躲避到积极争取的根本转变，在全省形成了各地争创生态文明示范、重视生态文明建设的良好氛围。

二、明晰自然资源资产产权制度，破解生态利益共享难题

健全完善的自然资源产权制度是生态文明制度建设的基础性制度。从制度经济学角度来看，只有产权明晰，明确自然资源资产的占有权、使用权、收益权和处置权，才能避免"公地悲剧"的发生，才能对资源实行严格的保护。江西以林权改革为突破口，率先在国内开展林地、农地确权改革，通过确权摸

清"家底"、清晰产权的基础上，加强自然资源产权交易平台建设，促进林地、农地流转，提高自然资源使用效率，成效明显。

2004年9月，江西省率先在全国开展了以"明晰产权、减轻税费、放活经营、规范流转"为主要内容的集体林权制度改革。2004年9月—2008年，以分山到户和确权发证的全省林权制度主体改革全面完成，全省集体林分山到户率达82.5%，发放林地使用权证613.4万本，产权明晰率达98.5%，实现了"山定权、树定根、人定心"。江西自2014年启动农地确权工作，截至2017年7月上旬，全省证书发放率达96.1%，基本全面完成确权登记颁证工作。通过土地权属的明确，让农户彻底吃了定心丸。经过土地确权和土地整治，小田块合并成了大田块，减少了田埂数量，增加了耕地面积；田成方、路相通、渠相连，便于耕作和灌溉，同时促使土地租赁的活跃，加快了农场规模化、集约化、产业化经营进程。近年来，江西不断创新工作思维，积极探索工作方法，全力打造"数字土储""法治土储""廉洁土储"，建立土地储备中心网站，不断完善土地储备数字化管理，服务管理水平得到有效提升。登录土地储备中心网站，企业和市民可以了解到有关土地储备工作的所有公开信息。在打造"数字土储"的过程中，江西注重完善电子政务系统，强化系统应用和管理，全面完成历史数据录入工作，彻底摸清摸准储备土地"家底"，系统实现了网上管地、网上管钱、网上办文的目标。实现一宗土地从纳入年度收储计划，到实施收储、拨付每笔资金，再到宗地出让，最后进行宗地成本决算的全流程管控，为管理决策提供了数据支撑。

　　2017 年，加快推进"房地一体"的农村宅基地和农民住房确权登记发证工作。余江县作为全国 15 个试点县之一、江西省唯一一个试点县，于 2015 年 3 月率先在全域范围内推行农村宅基地制度改革试点工作。改革启动至 2017 年 5 月，余江县 908 个自然村的 2 万多栋空心房、危旧房、违建房已经被拆除并退回宅基地；56 宗 20.54 亩宅基地得到流转，复垦 574 亩农田，村集体收回的宅基地和空闲地可满足未来 10～15 年的村民建房需求。宅基地改革"消灭了"县里的空心村，盘活了集体建设用地，使耕地得到有效保护，实现了节约集约用地的目标。自改革以来，余江县新修村庄道路 255 千米，新修沟渠 152 千米，新增绿化面积 52 万米^2，新建村级活动中心 2.8 万米^2。退出多占和闲置的土地，为新农村"一改促六化"奠定了基础。

　　在确权的基础上，江西积极建设自然资源产权交易平台，促进自然资源的流转，提高自然资源利用效率。出台《江西省集体林权流转管理办法》《关于积极稳妥推进林地流转　进一步深化集体林权制度改革的意见》《关于扩大我省农村"两权"抵押贷款试点工作实施意见的通知》《江西省集体林权流转五级管理服务体系建设指南》等文件，建立省、市、县、乡、村五级林权流转管理服务体系，推行林地经营权流转证制度及发挥抵押证明作用。2009 年，成立全国第一家区域性林业产权交易所——南方林业产权交易所。依托互联网建立全省省、市、县三级联网的统一、规范、活跃的林权交易综合服务体系；与农信联社等 9 家银行签订授信 236 亿元战略合作协议，建立林业金融服务平台。

为推动农村土地流转，全省已建立 11 个市级、102 个县级、1454 个乡级农村土地流转服务中心。围绕提升不动产登记规范化、信息化水平，进一步加强机构和制度建设，制定登记标准和规范。推进登记规范化建设，以"最大限度便民利民"为宗旨，推动市、县登记窗口房产类不动产交易、登记业务联办，减少制度性交易成本。优化登记流程，改进和提高登记效率；加强登记纠纷调处研究，会同有关部门研究制定不动产登记纠纷调处政策。创新确权登记工作机制，指导、督促各地实行不动产权籍调查前置。

三、构建全流域的生态补偿机制，破解横向利益协调难题

江西鄱阳湖湿地生态补偿和公益林生态补偿实施一直走在全国前列，近年来实行全流域生态补偿机制，打造生态补偿"扩大版"。先后出台《江西省湿地保护条例》《江西省流域生态补偿办法》《江西省流域生态补偿配套考核办法》等；《江西省人民政府办公厅关于健全生态保护补偿机制的实施意见》明确提出 2020 年要实现森林、湿地、水流、耕地等重点领域和禁止开发区域、重点生态功能区等重要区域的生态保护补偿全覆盖。在生态保护补偿方面进行了多方面的探索和实践，形成拥有江西特色的全方位生态保护补偿机制，对破解生态保护的外部性

进行了有益的探索创新。

（一）全流域生态补偿力度大

江西省是长江中下游地区重要水源地，也是为粤港供水的东江流域上游的重要水源涵养地。其中，鄱阳湖流域占全省辖区面积的 97%，全省 5 条主要河流全部汇入鄱阳湖，调蓄后经湖口汇入长江，流域具有完整的生态系统。保护好鄱阳湖"一湖清水"，探索建立流域生态保护机制，对保障长江中下游和东江流域水生态安全具有重要意义。

江西全流域生态补偿机制的特点是"两全一大"："两全"即对 5 条主要河流流域全部实施生态补偿、补偿范围覆盖全省；"一大"即资金筹集力度大，首期统筹补偿资金 20.91 亿元，是投入资金最多的省份。在具体实施中重点抓好资金筹措、分配、监管三个环节。为推动流域水生态环境保护，江西省出台《江西省流域生态补偿办法》《江西省流域生态补偿配套考核办法》，整体推进全省全境生态补偿的实施。2016—2018 年，江西流域生态补偿资金规模超过 75 亿元。截至 2018 年，江西省已成为流域生态补偿覆盖范围最广、贫困地区补偿资金筹集量最大的省份，在实现生态优先、绿色发展、推进生态文明建设方面取得初步成效。

（二）各地水资源生态补偿不断创新

江西省共有五大水系。为探索流域生态补偿，于 2012—

2014 年在萍乡、新余和宜春三市之间开展袁河流域水资源跨区域生态补偿试点。2016 年，酝酿多年的东江源生态补偿开始实施。乐平—婺源"共产主义水库水环境横向补偿"开始实施。

江西省和广东省正式签署东江流域上下游横向生态补偿协议，中央财政和赣粤两省每年安排补偿资金 5 亿元，设立东江流域水环境横向补偿资金，根据跨界断面水质考核目标完成情况拨付补偿资金，专项用于东江源头水污染防治和生态环境保护。

同时，2017 年，抚州市开始对境内抚河流域水资源实行生态补偿。抚州市水资源生态补偿以水质为考核目标，对水质改善较好、生态保护贡献大的县（区）加大补偿力度，调动地方保护生态环境的积极性。在考核指标的设置和考核方法等制度设计上勇于创新，以《地表水环境质量标准》（GB 3838—2002）为依据，从各县（区）界断面水Ⅲ类水标准达标率和县（区）界断面水质对比两个方面进行考核评分，决定水资源生态补偿资金的分配。

（三）森林生态补偿不断推进

2009 年 5 月，江西省政府颁布施行了《江西省生态公益林管理办法》（以下简称《办法》），对公益林的区划、管理、保护利用、补偿机制等进行了具体规定。《办法》的颁布实施为进一步规范江西省生态公益林保护管理、打击破坏生态公益林的违法犯罪行为提供了法律依据。2010 年 11 月，江西省林业厅制定下发了《江西省生态公益林检查验收办法》（以下简称《验收办法》），从技术标准、检查方法、数据处理与成果报告和质量管理等方面明确了公益林检查验收的内容，实行省、市、县三级检查验收机制，并全面组织开展全省公益林省、市、县三级年度检查验收，通过县级自查、设区市抽查和省级核查进行了公益林检查验收。《验收办法》的实施进一步促进了各地公益林管理和管护水平的提高，为年度森林生态效益补偿资金的发放和生态公益林补偿制度的完善提供了依据。先后制定了《关于进一步完善林木采伐管理政策的通知》《关于进一步规范和完善林木采伐管理的通知》，其中对江西省公益林采伐实行分级管理、分类施策，较好地明确了江西省生态公益林采伐管理操作程序。

根据全省公益林管理实际，江西省四次修订出台《江西省公益林补偿资金管理办法》，在补偿对象、补偿标准、管护支出和方式等方面进行了逐步完善。江西省从 2001 年开始实施中央财政森林生态效益补助基金试点，2006 年启动省级地方生态公益林补偿项目，先后四次增加补偿面积。2017 年，全省纳入中央和省级财政补偿的生态公益林总面积为 5100 万亩，占全省森林地面积的 34%。其中，国家级公益林面积为 3241.27 万亩，省级公益林面积为 1858.73 万亩。生态公益林补偿标准从 2007 年开始逐年提高，由 5 元/（年·亩）统一提高到 2015 年的 20.5 元/（年·亩），随着补偿面积的增加和补偿标准的提高，到 2016 年年底，中央和省级财政累计安排生态公益林补偿资金达 79.71 亿元，其中中央财政安排补偿资金 35.66 亿元、省级财政安排 44.05 亿元。

（四）湿地生态补偿卓有成效

享有"一湖清水"美誉的鄱阳湖是我国最大的淡水湖，湿地面积约 31.3 万公顷，是世界六大湿地之一。鄱阳湖是长江水系及水域生态系统中非常重要的一环，其在调节长江洪水径流、保护生物多样性方面发挥着非常重要的作用。每年冬天会有大量候鸟聚集，是世界上最大的候鸟越冬栖息地。

江西省湿地生态补偿工作主要包括农作物受损补偿和沿湖社区的生态修复、环境整治项目。江西省庐山市、永修县、新建区作为 3 个试点实施单位，是全省湿地生态补偿工作的组成部分。2003 年，江西出台了《江西省鄱阳湖湿地保护条例》，对规范鄱阳湖湿地保护、管理取得了一定成效。但由于《江西省鄱阳湖湿地保护条例》仅针对鄱阳湖区湿地，其面积仅占全省天然湿地总面积的 35%，占全省各类型湿地总面积的 11%；全省还有 65% 的天然湿地以及大量其他类型的湿地缺乏法律保护。为了更好地加强全省湿地资源保护，在总结《江西省鄱阳湖湿地保护条例》的基础上，2012 年 3 月 29 日，江西省第十一届人民代表大会常务委员会第三十次会议通过了《江西省湿地保护条例》（以下简称《条例》），并于 2012 年 5 月 1 日开始施行。

《条例》明确规定，县级以上人民政府应当逐步建立健全湿地生态补偿机制。对依法占用湿地和利用湿地资源的使用者，按照国家有关规定收费，用于湿地生态保护。对因保护湿地生态环境使湿地资源所有者、使用者的合法权益受到损害的，应当给予补偿。在实践中，江西参照我国森林资源生态效益补偿制度、水资源利用生态补偿制度等现有生态补偿机制的经验，充分考虑国家湿地生态补偿的承受能力和受损农民的要求，努力协调各方利益。《条例》施行后，既保障了湿地区域农民基本生存需要、改善湿地农民生活质量，也较好地改善了湿地生态功能。

四、构建高规格、全覆盖的"河长制"，破解"九龙治水"难题

自 20 世纪 80 年代初期，江西省委、省政府就创造性地提出"治湖必须治江、治江必须治山、治山必须治穷"的理念；21 世纪初，江西省委又提出"既要金山银山，更要绿水青山"的发展战略。正是这种"绿色战略"理念的一贯传承，奠定了江西山清水秀的良好生态基础。2014 年 9 月，江西省委印发《深化水利改革的意见》，该意见明确提出实行"河湖蓝线"管理制度，全面推行河道管理"河长制"。同年 11 月，《江西省生态文明先行示范区建设实施方案》再次要求探索建立政府一把手负责的"河长制"。2015 年，江西开展河湖管护体制机制创新试点，其中鄱阳湖湖区星子县和国家林区靖安县的试点成果在全省乃至全国引起较大反响。2015 年 11 月 1 日，《江西省实施"河长制"工作方案》正式印发，标志着江西省"河长制"工作全面铺开。2016 年，江西省大力实施"河长制"，建成了区域与流域相结合的，国内覆盖面最广、规格最高、体系最完备的"河长

制"。2017 年，江西省着力打造"河长制"的升级版。经过江西省"河长制"河湖管理的实践，形成了一套日益完善的"河长制"河湖管理创新制度。

（一）贯彻法治思想，完善"河长制"相关政策法规

为充分发挥法治引领作用，为改革保驾护航，更好地形成区域和流域治水合力，规范有序推进"河长制"，江西省坚持依法治水。2009 年，国务院批复《鄱阳湖生态经济区规划》，江西省先后出台《江西省河道管理条例》《江西省水资源条例》《江西省水利工程条例》《江西省河道采砂管理办法》《江西省（鄱阳湖）水资源保护工程实施纲要（2011—2015 年）》《关于实行最严格水资源管理制度的实施意见》《"五河一湖"及东江源保护区建设管理办法》等一批地方性法规、规章。自 2016 年起，制（修）订或实施《江西省水资源条例》《江西省河道采砂管理条例》《江西省湖泊保护条例》等，为"河长制"实施提供法治基础。2016 年 11 月 28 日，最高人民法院、最高人民检察院联合下发《关于办理非法采矿、破坏性采矿刑事案件适用法律若干问题的解释》，充分吸纳了江西省采砂管理的实践经验和相关意见建议。

经验收评估，江西省全面推进"河长制"工作做到了"四个到位"。一是工作方案到位。在 2017 年 6 月底，省级及 11 个设区市、118 个县市区（含非建制区）、1655 个乡镇（街办）"河长制"工作方案修订印发。二是组织体系到位。全省七大江河

（湖泊）、114 条市级河段（湖泊）、1454 条县级河段（湖泊）、10149 条乡级河段（湖泊）均明确河长。全省共设立省级河长 9 人、市级河长 116 人、县级河长 983 人、乡级河长 6970 人、村级河长 17287 人，配备河湖管护、保洁人员 9.42 万人。通过以河带湖（库、渠）或以湖带河，建立了"湖长制""库长制""渠长制"，实现了"河长制"工作水域全覆盖。三是相关制度和政策措施到位。省、市、县均出台了河长会议等 6 项制度。2017 年 8 月，国家正式批准江西省设立"河长制"工作表彰项目，成为全国首个设立"河长制"表彰项目的省份。2016 年出台的《江西省水资源条例》是全国第一部写入"河湖长制"的地方性法规。四是监督检查和考核评估到位。"河长制"工作考核纳入省委、省政府对市县科学发展综合考评体系、生态补偿机制和省直部门绩效考核体系。2017 年，全省各级河长巡河督导、"河长制"工作日常监督检查达 24 万余次。省人大、省政协分别听取"河长制"工作汇报和开展"河长监督行"活动。全省设立"河长制"公示牌 1.3 万多块，省、市、县、乡均公布投诉举报电话，接受社会监督。部分市县还建立了民间河长、企业河长和民间理事会，共同推进河湖管理和保护。

（二）党政同责，创新"河长制"组织与责任体系

构建区域与流域相结合的"河长制"组织体系，保障"河长制"的高位推进与全面覆盖。设立省、市、县、乡、村五级河长，由各级党委和政府主要领导及村组织领导担任，河流所

经市、县、乡党委、政府及村组织为责任主体，明确责任；设立省、市、县"河长制"办公室，成立县河湖管护委员会；省直有关部门作为责任单位，实现省直部门联动，市县各部门作为联动部门，实现无缝对接。村组设专管员、保洁员或巡查员，城区按现有城市管理体制落实专管人员。对水库、山塘按属地管理的原则，设置库长。

创新责任体系，实行市包县、县包乡、乡包村的联治责任制，真正形成了属地管理、分级负责、部门联动、全民参与的格局。各级河长是所辖河湖保护管理的直接负责人。省级河长负责指导、协调所辖河湖保护管理工作；市、县河长负责牵头推进河湖突出问题整治、水污染综合防治、河湖巡查保洁、河湖生态修复和河湖保护管理，协调解决实际问题，检查督导下级河长和相关部门履行职责。"河长制"办公室职责为组织协调、调度督导、检查考核。省级责任单位结合部门职能负责相应工作的协调、督导等。

健全"河长制"考核、追责制度，实施领导、部门双重考核与问责。出台《江西省"河长制"工作考核办法（试行）》《关于开展领导干部自然资源资产离任审计的实施意见》《江西省党政领导干部生态环境损害责任追究实施细则（试行）》等制度。江西省各级政府和省直有关部门每年接受"河长制"工作考核。对因领导组织不力、工作疏忽造成严重后果的，因履行职责不到位、处置不当而造成重大损失的，从严追究责任。

构建"全方位"监督体系。内部建立巡查、督查制度，检查发现问题、以督查督办解决问题。省、市、县三级分别在政府网站公布有关区域和流域的河湖（库）河长名单，并设立反映河湖问题的投诉举报平台，公布举报电话，采用网络媒体、传统媒体线上线下相结合的方式，积极营造群众监督的良好氛围。县级建立"河长制"及时通信平台，将日常巡查、举报投诉、问题督办、情况通报、责任落实、问题办理等纳入信息化、一体化管理。

建立"互联网+河长"监管模式，所有河长、巡查员均实名加入"河湖办"易信群，巡查员定期、不定期开展巡查和交叉巡查，发现污染源及时拍照上传，督促相关河长及早防范。

（三）创新"河长制"运行制度与协调机制

创新"河长制"运行制度。通过《江西省"河长制"省级会议制度》，高位推动"河长制"工作，协调解决重点难点问题；通过《江西省"河长制"信息通报制度》，收集资料、传递信息，为各级河长科学决策提供参考；通过《江西省"河长制"工作督办制度》，层层督办，及时解决问题；制定《江西省"河长制"考核办法》，将考评结果纳入市县科学发展综合考评体系、省直部门绩效考核体系和生态补偿机制；建立"河长制"责任追究制度，并纳入《江西省党政领导干部生态环境损害责任追究实施细则（试行）》中。

创新"河长制"协调机制。江西"河长制"运作以四个层次的会议形式为基础：第一是总河长会议，这是最高决策层；

第二是流域的河长，主要是重点事项抓落实；第三是责任单位的联席会议制度，这为解决各部门之间矛盾提供了协商平台；第四是联络员制，负责把平时各单位的工作进展、问题等信息汇集，由河长办梳理后提交到联席会议协商。四个层级层次分明、任务明确，有利于进一步形成合力，科学调配各方面力量，全面提升河湖保护管理的整体效益。

开展"党建+河长"建设。将党建工作与"河长制"工作有机结合，以党建工作促"河长制"落实。同时，通过建设微信等新媒体沟通平台，整合行政审批，提高"河长制"运行效率。

（四）健全"三大安全体系"，打造升级版"河长制"

实施一批管长远、增后劲、补短板、惠民生的重大水利项目，着力健全"三大安全体系"：一是防洪安全保障体系；二是供水安全保障体系；三是水生态安全保障体系。打造"河长制"升级版：思路升级，综合治理"促转型"；制度升级，制度执行"真落地"；能力升级，河湖管护"长效化"；行动升级，问题整治"见实效"；宣教升级，强化意识"凝合力"。

江西省在"河长制"体系构建、制度建设、专项整治、宣传引导等基础性工作上扎实有效，得到国家相关部门的多次肯定，并作为先进典型在全国范围予以推介。近20个省份到江西省学习交流"河长制"工作，形成了靖安等一批"河长制"实践示范县。

靖安县于2015年1月被列为全国首批河湖管护体制机制创

新试点县，创造性地率先启动"河长制"。2017 年以来，靖安县坚持把河道当街道管理，把库区当景区保护，在管护主体、管护手段、管护制度、管护行动等重点环节再次升级，大胆创新，探索升级版"河长制"的新路径。一是主体升级——探索推进"河长认领制"。出台《提升"河长制"实行"河长认领制"工作方案》，按照"政府引导、政策奖励、自愿认领、分步实施"的原则，用 3 年时间实现全县河道、水库"认领制"全覆盖。在党员示范带动下，实现管护主体从"要我当河长"向"我要当河长"转变。靖安县制定了《河长制"认领人"奖励办法》，对认领人进行奖励，增强了认领河长的荣誉感和责任感，形成全民参与、人人争做河长的新局面。二是手段升级——实行"互联网+河长"智能化监管模式。运用"互联网+河长"监管模式，采取人防和技防相结合方式，提高河湖管护和水环境监测水平。建立河长工作易信群，打造"生态云"平台，启动全国首个县级水环境监测调度中心建设，实现水环境监测向智能化跨越。三是制度升级——完善"五位一体"运行机制。靖安县着眼制度创新，抓住组织、管护、责任、宣传、考核等关键环节，建立完善"五位一体"运行机制，即整体推进机制、管养分离机制、宣传教育机制和考核评比机制。四是行动升级——以水资源综合执法推动全流域综合治理。整合部门力量，加强水资源综合执法，开展系列专项整治行动，以综合执法推进水生态保护和全流域综合治理，推动"河长制"真落地。

升级版"河长制"实行以来，靖安河流水质均保持在Ⅲ类以上，森林覆盖率达到 84.1%，获评全省旅游强县，北潦河两岸河堤景观升级改造，河堤成为一道亮丽的风景线，实现由"河清"到"河景"的转变，全县游客人数和旅游综合收入大幅上升。绿水青山正在加速转化为富民强县的金山银山，真正走出了一条经济发展与环境保护相得益彰之路。

经过河湖管理"河长制"实践，江西省水环境质量总体保持稳定，地表水水质达标率稳定在 80%以上，重要水功能区水质达标率稳定在 90%以上，主要城市饮用水水源地水质达标率达 100%。目前，按照党政同责的要求，已基本建立省、市、县、乡、村五级的"河长制"组织体系。江西省 11 个设区市、100 个县（市、区）均明确了由党委、政府主要领导担任市级、县级总河长和副总河长。共明确市级河长 88 人、县级河长 822 人、乡（镇）级河长 2422 人、村级河长 13916 人，设巡查员或专管员 19544 人、保洁员 20142 人。

五、构建生态执法与司法制度，破解生态执行力难题

健全生态环境监测网络和预警机制。2017 年，江西省人民政府办公厅印发《江西省生态环境监测网络建设实施方案》，启动环保机构监测监察执法垂直管理改革，强化省级环境质量监测事权，下移重点污染源监督性监测和监管重心。建设全省"生态云"大数据平台，基于地理空间信息整合生态与环境数据资源，开展生态环境大数据分析应用，推动建立生态环境质量趋势分析和预警机制，健全以流域为单位的环境监测统计和评估

体系。如新余市和抚州市都大力打造"生态云"。新余作为全国智慧城市和信息惠民城市试点，通过建设九大信息平台，对时空信息、自然资源、环境质量、能源消耗、新能源与可再生能源利用情况实现在线监控，构建城市时空信息数据库和云平台。

建立健全环境保护管理制度。江西省加快推进环保部门机构和职能调整，强化大气、水、土壤环境质量监管，建立健全以改善环境质量为核心的环境保护管理机制。按照"谁开发、谁保护，谁污染、谁治理"的原则，建立生态环境损害赔偿和责任追究制度。完善突发环境事件应急机制，建立覆盖全省的环境应急指挥平台，强化针对危险废物的收集、运输、处理、监管和问责机制。建立鄱阳湖水质月监测评估、季预警通报、年度责任考核机制，确保鄱阳湖流域排污总量不增加、水质不下降，鄱阳湖入长江断面水质逐年改善。启动固定污染源的排污许可证核发工作，实行对污染源的一证式管理，落实企事业单位污染物排放许可制，于2017年在火电、造纸行业推进排污许可证申请发放工作。开展土壤污染状况详查，实施农用地分类管理和建设用地准入管理。建立耕地土壤环境质量类别划定分类清单、污染地块名录及其开发利用的"负面清单"，建立健全建设用地调查评估制度、土壤污染治理及风险管控制度。2017年，江西省委、省政府印发《江西省贯彻落实中央环境保护督察组督察反馈意见整改方案》，2018年完成所有设区市环境保护督察，强化对地方的督政问责。开展城乡环境保护统一监管和综合行政执法试点，开展公安、环保行政执法的联动机制和区域协作机制试点。如自 2016 年以来，安远县采用"三级联动"建立环境保护督察和执法长效机制。以往遇到破坏生态环境的事件，乡镇政府处于尴尬的位置，不去管理就是失职，严厉处罚却没有执法权。为此，安远县出台规定，生态环境保护由村里负责日常巡查、乡镇负责配合取证、县生态综合执法大队负责实施处罚，"三位一体"分工明确。村巡查是遏制破坏生态环境事件发生的首要环节。一旦发生生态环境破坏案件，立即向当地政府报告。乡镇政府在安排国土所、派出所、水务站等的工作人员进行现场取证、制止的同时，向县生态综合执法大队报告，使案件得到快速、有效解决，构建了早发现、早取证、早处置的长效机制。

完善生态环境资源保护的司法保障机制。大力推进生态司法专业化建设，江西省高级人民法院于 2017 年印发《关于为江西省深入推进国家生态文明试验区建设提供司法服务和保障的指导意见》，为打造生态司法"升级版"提供指导。推动开展生态环境公益诉讼和生态审判。江西省高级人民法院、九江市中级人民法院、武宁县人民法院等 14 家法院成立环境资源审判庭，55 家法院设立环境资源合议庭，积极探索环境资源民事、刑事、行政案件"三合一"审理模式。2014—2017 年，共审理各类环境资源案件 6969 件，各地生态法庭先后作出多起生态修复判决，达到了"一判双赢"的良好效果。武宁县人民法院、莲花县人民法院分别联合林业等部门共同指定 100 余亩、80 余亩的林地作为"环境资源案件生态修复示范基地"，积极探索异地"补种复绿"有效途径，大力强化环保宣传教育，实现了办案的法律效益、社会效益和生态效益的有效统一。

第三节 江西践行生态文明制度建设重要论述的启示

江西省生态环境保护和生态文明体制改革取得成效的主要经验在于始终坚持践行习近平总书记关于生态文明制度建设重要论述，着力于创新生态文明建设体制机制。通过生态文明体制改革，形成了将考核评价制度作为生态文明建设的"牛鼻子"、自然资源产权制度作为生态文明建设的基础、生态产品价值实现机制作为生态文明建设的核心目标、生态执法与司法制度作为生态文明建设的强力后盾等一批可复制、可推广的生态文明建设制度启示，为全国践行习近平总书记关于生态文明制度建设重要论述提供了宝贵的实践经验。

一、考核评价制度是生态文明建设的"牛鼻子"

考核评价制度是推动生态文明建设的重要约束和导向，对各级党委和政府形成正确的政绩观起着重要的指引和激励作用。党的十八大提出要"完善干部考核评价机制，促进领导干部树立正确的政绩观"。习近平总书记多次对改进干部考核工作作出重要指示，强调干部考核要促进科学发展，树立正确导向。通过构建系统科学的绩效评价考核制度，引导、推动干部特别是领导干部扎实推进生态文明建设。

江西深入贯彻习近平总书记关于生态文明制度建设重要论述，致力于建立健全法治政府建设考核评价制度和机制，推动政府及其部门整体提升法治能力和依法行政水平，确保到 2020 年基本建成法治政府，为决胜全面建成小康社会、建设富裕美丽幸福江西提供坚实的法治保障。在生态文明制度建设中抓住了考核评价制度这个"牛鼻子"，考评坚持科学严谨、客观公正、公开透明的原则，通过制定生态文明建设目标考核办法，将生态文明建设的要求细化为考核内容和考核标准，转化为各级党委和政府的工作追求和目标；通过编制自然资源资产负债表、开展领导干部自然资源资产离任审计以及建立领导干部生态环境责任追究制度，进一步树立了"绿色政绩观"。

资溪多年来的实践是江西生态文明考核评价与责任追究制度改革的一个缩影，其最典型的经验是确立了生态立县的目标，且十几年如一日地贯彻、执行、完善、提升，在实干中取得了实效。观念和制度的改变是从实践到理论再到实践的不断完善过程，江西在生态文明考核评价与责任追究制度上的改革探索仍在路上。生态文明建设目标如何从领导的政绩观内化为全社会的行动、自然资源资产负债表的核算数据如何更精准和全面等都还有待继续探索。

二、自然资源产权制度是生态文明建设的基础

自然资源在被人类开发利用的过程中，其数量和质量发生了很大的变化。"公地悲剧"正是对自然资源的过度获取导致自

然资源的严重短缺和退化的描述。在森林面积不断缩小、草场退化、水资源短缺、生物多样性减少、自然灾害频发等严峻的现实下，对自然资源产权安排的制度性探索已经成为从深层次寻找解决自然资源可持续利用的必然选择。健全完善的自然资源产权制度是生态文明建设的基础，也是生态文明体制改革的重点和难点所在，它关系自然资源的开发、利用、保护等各方面，应坚持主体结构合理、产权边界清晰、产权权能健全、产权流转顺畅、利益格局合理的自然资源产权制度改革总体方向。

土地在人类历史发展长河中一直扮演着举足轻重的角色，江西省在启动全省自然资源统一确权登记试点、全面开展农村不动产统一登记工作基础上，积极推进余江农村宅基地制度改革试点。余江宅基地改革中探索形成的走群众路线充分发挥村民理事会接地气的特点，合理处理改革中的矛盾和纠纷，平稳有序完成宅基地改革等经验值得各地学习借鉴。于都县通过对多规目标和指标体系的统一，实现多规统一发展战略，避免了多规在城乡发展目标、发展规模、产业、民生、基础服务设施等方面的矛盾。将经济社会发展、城乡建设、土地利用、生态环境保护等规划合而为一的"多规合一"无疑是完善国土空间开发保护制度的非常重要的一个举措。靖安县的"河长制"升级版通过在管护主体、管护手段、管护制度、管护行动等重点环节升级，各级河长积极性更高、责任更清、工作更踏实、影响更广、成效更显著，是顺应自然资源作为一个统一整体这一自然属性探索自然资源管理在河湖管理领域的模式创新。

三、生态产品价值实现机制是生态文明建设的核心目标

探索生态产品价值实现机制是党中央、国务院设立国家生态文明试验区的重要试验任务。生态产品价值如何实现？江西省 21 个国家级贫困县中，属于国家重点功能区的县有 11 个，农产品主产区有 6 个。在生态产品价值实现探索中，一方面充分发挥政府的主导引领作用；另一方面，努力培育生态产品价值实现的市场机制。建立健全生态产品价值实现机制要做好几个方面工作：第一，要基于维持生态系统的原真性构建生态产品的供给方法。第二，要按照生态系统的功能特征系统谋划功能空间和策略。第三，要结合不同类型生态产品的优势精准设计产品的模式。

抚州的水资源生态补偿和遂川的非国有森林赎买都是生态产品价值实现的政府路径。前者是通过转移支付，对重点生态功能区、自然保护区、流域保护区等人民以自己的劳动或相对放弃发展经济的权利进行补偿，以实现保护生态环境与修复生态而生产的生态产品价值；后者则是由政府对重点生态区内禁止采伐的商品林通过赎买、置换等方式调整为生态公益林，使"靠山吃山"的林农利益损失得到补偿，实现社会得绿、林农得利，由此实现生态产品价值。

萍乡山口岩水库水权交易和乐安县林业碳汇交易是生态产品价值实现的市场路径。山口岩水权交易主体为地方政府，是政府在推动建立生态产品价值实现市场机制中身先士卒、勇担

开路先锋，为今后更广泛的市场主体进入该领域而开展的积极尝试。乐安县林业碳汇交易则是利用市场机制实现生态产品价值的典型，其不仅利用国内市场，还利用了国际市场。此种模式一旦深入推广运用，将会有广阔的发展前景。

江西省在生态产品价值评估核算、生态产品价值挖掘和交易市场培育、政策制度体系创新等方面进行探索，积极践行"绿水青山就是金山银山"的理念，寻求维护良好生态环境、充分体现生态系统价值的有效路径和模式，以便为全国提供可复制、可推广的经验和借鉴。

四、生态执法与司法制度是生态文明建设的强力后盾

推进生态综合执法机制运行，建立权责统一的行政执法体制。通过搭建一体化信用监管平台，完善生态综合执法办案机制，加强顶层设计，及时修订法律法规，解决生态综合执法面临的如何管得巧、管得住、管得了、管得好的难题。

江西省高级人民法院和江西省人民检察院在生态审判和生态检察方面的探索实践中，不论是生态案件归口审理、补种复绿、增殖放流、污染治理或护林护鸟等环境修复责任承担方式的创新，还是对生态环境资源犯罪检察和生态环境公益诉讼的加强，都是从不同角度加强了对生态文明建设的司法保障。宜黄县的生态综合执法试点则解决了生态环境保护领域行政管理部门存在的职能重叠、执法分散、相互推诿的问题。宜黄县实行生态综合执法，通过成立生态综合执法大队，实行"集中办

公、统一指挥、统一管理、综合执法",有效破解了过去"九龙治水"的难题。在全省率先把森林公安队伍作为生态综合执法的主要力量,并在组建生态综合执法局的基础上,推动森林公安向生态公安转型,拓展其生态执法领域,加大了对生态综合执法的打击力度。

大数据、云计算、物联网、移动应用等新一代信息技术为生态环境保护与监管提供了强有力的工具,抚州市的"生态云"工程建设便是顺应大数据时代发展要求的一项全新的探索性系统工程,抚州市"生态云"通过将各部门数据资源进行整合,将生态空间、低碳、环保、产业、资源、文化等生态文明建设所涵盖的相关业务进行集中,打造"四个中心",即数据中心、管理中心、服务中心、环境资源综合交易中心。抚州"生态云"工程全面建成后,通过其汇总展示、管理监督、预警决策、共享互动功能的实现,为监管部门生态环境质量趋势分析和预警机制及相关制度建设提供了数据支撑,其开放性的平台也能够让社会大众亲身参与到生态文明建设之中,公众参与的增强提高了生态环境保护与监管能力。

第五章　推进生态扶贫，实现生态文明成果共享

第一节　生态扶贫重要论述

党的十八大以来，在"四个全面"战略布局的大背景下，脱贫攻坚战成为全面建成小康社会的关键一步。在以习近平同志为核心的党中央的坚强领导下，全国脱贫攻坚取得巨大进展。然而，当前我国的脱贫攻坚形势依然严峻，挑战性很大，要如期实现脱贫，任务仍然艰巨。党的十九大将脱贫攻坚上升至国家战略布局和顶层设计的高度，以更大决心、更大气力推进扶贫工作。党的十九大报告指出："要动员全党全国全社会力量，坚持精准扶贫、精准脱贫，坚持中央统筹省负总责市县抓落实的工作机制，强化党政一把手负总责的责任制。坚持大扶贫格局，注重扶贫同扶志、扶智相结合，深入实施东西部扶贫协作，重点攻克深度贫困地区脱贫任务，确保到 2020 年我国现行标准下农村贫困人口实现脱贫，贫困县全部摘帽，解决区域

性整体贫困，做到脱真贫、真脱贫。"①党的十九大报告内容集中体现了习近平总书记关于生态扶贫的重要论述。习近平总书记关于生态扶贫的重要论述是马克思主义理论与中国特色社会主义新时代发展相结合的产物。它充分把握中国社会当前的基本矛盾，准确拿捏当前发展面临的困难与问题，为解决我国改革开放进程中遇到的问题和困难提供重大决策，是中国特色社会主义进入新时代解决不平衡、不充分发展的重要基础。它不仅从理论的高度把马克思主义应用于中国的扶贫实践，而且从实际出发，阐述了当前中国扶贫工作所面临的核心问题以及解决问题的根本途径。

习近平总书记关于生态扶贫的重要论述作为马克思主义的继承、创新和发展，具有鲜明的理论品格，引领建构了我国贫困治理新体系，指引新时代脱贫攻坚取得决定性进展并产生了多重深远影响，为打好精准脱贫攻坚战、全面实现小康社会提供了根本遵循，就此而言，习近平总书记关于生态扶贫的重要论述是马克思主义中国化的最新成果，是新时代中国特色社会主义思想的伟大创新。

---

① 习近平：《决胜全面建成小康社会　夺取新时代中国特色社会主义伟大胜利——在中国共产党第十九次全国代表大会上的报告》，载《人民日报》，2017 年 10 月 19 日。

一、社会主义制度是消除贫困的基本前提

（一）消除贫困是社会主义的本质要求

马克思主义理论是无产阶级的思想武器，其理论精髓在于以绝大多数人的力量为基础，为绝大多数人谋福利。因此，反贫困理论是马克思主义理论的有机构成部分，消除贫困是其理论的典型特征之一。马克思主义理论的基本精神和终极目标归根到底就是要实现全人类的解放和人的自由全面发展，让受压迫和剥削的人获得尊严和人权，回归人的本质，而这首先需要把他们从贫困中解救出来。正如《共产党宣言》指出的："过去的一切运动是少数人或者是为少数人谋利益的运动。无产阶级运动是为绝大多数人谋利益的独立的运动。"[①]

中国特色社会主义是中国共产党遵循马克思的历史唯物主义原则，结合中国社会历史发展的实际，建立的科学的、合理的，符合中国特殊国情的社会形态，它以广大劳苦大众为阶级基础，以服务于广大人民群众的根本利益为诉求，因此，消除贫困是中国特色社会主义首要的历史使命，也是其制度本身固有的内在要求。

坚持社会主义道路，探索中国特色社会主义理论体系成为中国消灭贫困的基本前提和根本保障。中华人民共和国成立之

[①]《马克思恩格斯选集》第二卷，北京：人民出版社，1995 年版，第 289 页。

初，以毛泽东为核心的中国共产党第一代领导集体带领中国人民建立了社会主义制度，但由于特殊的历史背景，中国并没有如马克思所说的那样随着社会主义制度的确立而立即进入一个高度富裕的社会，相反，当时的中国一穷二白。此时，毛泽东深刻认识到，这不是马克思的理论出了错，而是由于中国特殊的历史和国情导致的。因此，他坚定地认为，中国这个拥有6亿多人口的大国要想摆脱贫困，必须走社会主义道路。返回到资本主义是没有出路的，"资本主义道路，也可增产，但时间要长，而且是痛苦的道路。我们不搞资本主义，这是定了的。"[①]他断言，"只有社会主义能够救中国"[②]，"社会主义是中国的唯一出路"[③]。毛泽东的这一观点奠基于他对社会主义制度与消除贫困之间的内在必然关系的清醒认识。

以邓小平为核心的中国共产党第二代领导集体在探索中国特色社会主义道路的过程中，旗帜鲜明地提出"贫穷不是社会主义"，并在毛泽东思想的基础上进一步提出"只有社会主义才能发展中国"的重要论断。和毛泽东一样，邓小平立场鲜明地认为中国决不能走资本主义道路。资本主义也许能让中国局部地区富裕起来，但绝不可能实现整体性的共同富裕，反而会导致大多数人仍旧处于长期贫困的状态。因此对于中国这样一个人口众多、国土广袤的大国来说，"只有社会主义制度才能从根

---

① 《毛泽东选集》第五卷，北京：人民出版社，1997年版，第117页。
② 《毛泽东选集》第五卷，北京：人民出版社，1997年版，第373页。
③ 《毛泽东选集》第五卷，北京：人民出版社，1997年版，第403页。

本上解决摆脱贫穷的问题"①。因为只有社会主义才能公平兼顾，在最大限度上推动不同地区共同发展，从而为全民共同富裕夯实基础。从改革开放的历程来看，中国共产党一直坚持对中国特色社会主义道路的不懈探索，致力于领导全国各族人民摆脱贫困、消除贫困，且取得瞩目成绩。

　　进入新时代以来，消除贫困仍然是中国特色社会主义的基本任务。2014 年全国社会扶贫工作电视电话会议上，习近平总书记指出："消除贫困，改善民生，逐步实现全体人民共同富裕，是社会主义的本质要求。"②党的十九大上，习近平总书记立足中国特色社会主义新时代的历史处境，深刻把握打赢脱贫攻坚战和全面建成小康社会这两大历史任务之间的内在逻辑关联，做出掷地有声的承诺。他说："让贫困人口和贫困地区同全国一道进入全面小康社会是我们党的庄严承诺。"③习近平总书记的这一承诺深刻反映了中国共产党以马克思主义消除贫困的思想严格要求己身的责任使命感和历史担当感，是对马克思主义反贫困理论的最新发展。

（二）发展生产力是消除贫困的根本路径

　　马克思主义不仅自觉地将消除贫困作为自己的历史使命，

① 《邓小平文选》第三卷，北京：人民出版社，1993 年版，第 209 页。
② 《全国社会扶贫工作电视电话会议召开》，http://politics.people.com.cn/n/2014/1017/c70731-25858352.html.
③ 习近平：《决胜全面建成小康社会　夺取新时代中国特色社会主义伟大胜利——在中国共产党第十九次全国代表大会上的报告》，载《人民日报》，2017 年 10 月 19 日。

而且科学地剖析揭露了导致贫困的根本原因，并提出了消除贫困的科学途径。马克思认为，国家政权和社会性质决定一个社会特定人群的贫困。一切以私有制为基础的社会，必定导致少数人富裕、大多数人赤贫的现象。这在资本主义制度表现为资产阶级和工人阶级之间的分化。因此，资本主义制度的剥削本质是导致贫困的根本原因。贫困是依靠剥削和压榨劳苦大众的剩余价值而得以存在的资本主义制度的致命弊端的体现。推翻这一制度，建立公平公正、科学合理的公有制社会是消除贫困的前提。

然而，消灭资本主义制度一方面是要消灭剥削，另一方面也是为生产力的发展提供更广阔的空间。马克思之所以认为资本主义社会必然灭亡、社会主义必然胜利，原因正在于资本主义制度下所产生的生产力已经和它自身的生产关系处于不可调和的矛盾关系。而只有社会主义的公有制才能为生产力的解放和发展提供更广阔的空间，从而为消灭贫困提供坚实的物质基础。因此，马克思特别指出，消除贫困的根本办法是不断解放和发展生产力。消灭资本主义、建立无产阶级的政权正是为解放和发展生产力。只有生产力发展了，物质财富增长了，消除贫穷才具备物质力量。

中国特色社会主义制度是"以人为本"和"以人民为中心"的科学合理的社会制度，它坚持公有制的主体地位，主张生产资料为全民所有，从根本上避免了资本主义无限压榨剥削的本性。它把"人性的解放"作为最崇高的理想追求，把"人民的福祉"作为最根本的发展原则。就此而言，它已经有效解决了马克思指出的导致贫困的根本原因，即剥削制度的问题。

一直以来，马克思指出的"发展是消除贫困的根本途径"对中国共产党产生着深远影响。中华人民共和国成立之初，以毛泽东为核心的中国共产党第一代领导集体就已经深刻注意到经济发展对消除贫困的决定性意义。毛泽东曾作出指示，在生产力低下、经济发展落后的中国，要摆脱贫困，就必须大力发展生产力和经济。在《经济问题与财政问题》一书中，他又反复强调："我们要批驳这样那样的偏见，提出我们党的正确口号，这就是'发展经济，保障供给'。"[①]改革开放之初，以邓小平为核心的中国共产党第二代领导集体以马克思主义的这一理论为依据，结合我国实情，科学地提出"社会主义的本质，是解放生产力、发展生产力，消灭剥削、消除两极分化，最终达到共同富裕。"[②]

新时代，扶贫工作面临着新的任务，但发展这条根本途径没有改变。习近平总书记高度评价了改革开放以来我国经济发展为提高贫困人口的生活水平所带来的巨大效应。"改革开放以来，经过全国范围有计划、有组织的大规模开发式扶贫，我国贫困人口大量减少，贫困地区面貌显著变化。"[③]然而，无法

---

① 任弼时：《陕甘宁边区财政经济工作的基本方针》，北京：人民出版社，1987年版，第343～344页。
② 《邓小平文选》第三卷，北京：人民出版社，1993年版，第373页。
③ 《习近平在部分省区市党委主要负责同志座谈会上强调　谋划好"十三五"时期扶贫开发工作　确保农村贫困人口到2020年如期脱贫》，载《当代贵州》2015年第25期，第8～9页。

掩盖的事实是，我国仍有数千万贫困人口，而解放生产力、发展生产力仍然是提升落后地区人民生活水平的重要途径。

在谈到扶贫工作时，习近平总书记反复多次提到"发展"这个总纲，指出只有"推进实施区域发展总体战略，大力实施集中连片特困地区区域发展与扶贫攻坚规划"①，才能通过发展产业带动脱贫，以"输血式"扶贫为基础，达到"造血式"扶贫。在产业扶贫的经济模式方面，习近平总书记针对贫困地区多为农村地区的实情，提出"发展集体经济实力是振兴贫困地区农业的必由之路"②。发挥集体经济优势，体现公有制的公正公平在扶贫工作中的积极意义。在产业扶贫开发模式方面，习近平总书记强调"做好特色文章，实现差异竞争、错位发展"③。通过差异化发展，突出地方优势，实现"一招鲜，吃遍天，一村一业，一乡一品"④，让贫困百姓有实实在在的获得感。

习近平总书记关于发展与扶贫关系的科学论述既是对马克思主义反贫困思想的创造性应用，也是对中华人民共和国成立以来中国特色社会主义伟大建设经验的深刻总结和继承，同时又包含着在充分考量时代问题后的创新性发展。

---

① 《习近平主持中共中央政治局常务委员会会议并讲话》，http://news.Xinhuanet.com/politics/2013-04/25/c_115546301.htm.
② 习近平：《摆脱贫困》，福州：福建人民出版社，2014年版，第194页。
③ 《习近平在山东考察时强调认真贯彻党的十八届三中全会精神汇聚起全面深化改革的强大正能量》，http://www.zgdsw.org.cn/n/2013/1129/c218988-23693061.html.
④ 《把祖国的新疆建设得越来越美好——习近平总书记新疆考察纪实》，http://www.zgdsw.org.cn/n/2014/0504/c218988-24970700.html.

二、生态是脱贫攻坚的坚固保障

尽管习近平总书记强调解放和发展生产力仍旧是消除贫困的根本途径，但是，他反复强调的是，我国的经济发展不能再走老路。习近平总书记指出"改革开放以来，我国经济社会发展取得历史性成就，这是值得我们自豪和骄傲的。同时，我们在快速发展中也积累了大量生态环境问题，成为明显短板，成为人民群众反映强烈的突出问题。这样的状况需要下大力气扭转。"[①]

进入新时代，发展问题的关键在于处理好绿水青山和金山银山的关系。"绿水青山就是金山银山"是习近平 2005 年担任浙江省委书记时提出的科学命题。它构成今天中国特色社会主义生态文明建设的理论先声和思想内核。按照"绿水青山就是金山银山"的内涵和要求，我国过去的发展主要是以牺牲绿水青山换取金山银山。显然，"绿水青山就是金山银山"对这种发展模式是持否定态度的。"宁要绿水青山，不要金山银山"，其言外之意在于，如果绿水青山和金山银山是熊掌与鱼，不能兼得，那么还是要选择绿水青山。然而，按照"绿水青山就是金山银山"的逻辑，绿水青山和金山银山的不可兼得不是绝对的。相反，它们是可以兼容的。两者的对立是因为旧的发展模式片面强调人对自然的占有和消耗，因此，要让绿水青山和金山银山

---

① 习近平：《习近平谈治国理政》第二卷，北京：外文出版社，2017 年版，第 394～395 页。

相互统一必然要求一种新的发展方式。

当然，"宁要绿水青山，不要金山银山"不是放弃发展。相反，它向我们启发了一种新的发展观。"绿水青山就是金山银山"蕴含的发展观拒绝"以牺牲生态环境换取一时一地经济增长的做法"①，不赞同不顾环境代价的盲目发展观。具体言之，发展不能无条件、无限度地挤压自然生存空间，要为发展设立禁区，划定红线。

此外，"绿水青山就是金山银山"对发展还有一个更高的要求，那就是把"绿水青山"和"金山银山"统一起来。"绿水青山"既是发展的禁区和红线，同时又是发展的源泉。牺牲"绿水青山"、换取"金山银山"很容易，保护"绿水青山"、放弃"金山银山"也不难做到，但具有挑战的是既保护好"绿水青山"，又要获得甚至加倍获得"金山银山"。"绿水青山就是金山银山"对发展提出的更高要求不仅在于把保护的维度注入发展中，而且也让保护本身成为发展。2013 年，习近平总书记强调"保护生态环境就是保护生产力，改善生态环境就是发展生产力"。"绿水青山就是金山银山"将发展与保护辩证统一起来，大大拓展和深化了发展的内涵，是对社会主义本质的最新论述，成为马克思主义在中国化进程中的又一创新。

在此基础上，习近平总书记特别强调要把扶贫工作与生态文明建设有机地统筹在一起。提出"生态扶贫"的理念，杜绝

---

① 习近平：《习近平谈治国理政》第二卷，北京：外文出版社，2017 年版，第 395 页。

以前的扶贫实践中常出现的牺牲环境以换取经济发展的思路。扶贫过程中要秉承"既要金山银山，又要绿水青山"的发展理念，坚持"在发展中保护，在保护中发展"，把扶贫开发和生态环境保护有机结合，实现二者的良性循环。生态扶贫把生态优势转化为经济优势，既不能牺牲绿水青山、换取一时的金山银山，也不能守住绿水青山、过穷山恶水的生活。必须积极探索一条生态文明建设与扶贫脱贫相辅相成、相得益彰的道路。

三、立志是脱贫攻坚的内在动力

扶贫先扶志，脱贫先脱愚。如果说产业发展是扶贫工程中的客观方面，那么立志则是其主观方面。只有抓好两方面，同时发力，一并推进，才能取得脱贫攻坚的最终胜利。

立志对扶贫的重要意义表现在两个方面。

首先是扶贫者要立志。习近平总书记深刻意识到扶贫者立志的重要意义。在多个场合谈到脱贫攻坚战和全面建成小康社会的当前形势时，他说："扶贫开发工作依然面临十分艰巨而繁重的任务，已进入啃硬骨头、攻坚拔寨的冲刺期。形势逼人，形势不等人。"①在云南考察工作时，他进一步强调："扶贫开发是我们第一个百年奋斗目标的重点工作，是最艰巨的任务。现在距实现全面建成小康社会只有五、六年时间了，时不我待，

---

① 《习近平在部分省区市党委主要负责同志座谈会上强调　谋划好"十三五"时期扶贫开发工作　确保农村贫困人口到 2020 年如期脱贫》，载《当代贵州》2015 年第 25 期，第 8～9 页。

扶贫开发要增强紧迫感，真抓实干。"①习近平总书记对当前扶贫工作的严峻形势做了明晰的阐述，把形势描述得如此紧迫，一方面是客观描绘事实，对眼下事态保持清醒认识，另一方面是对广大党员干部的谆谆敦促，发出一种提醒和鼓舞。只有扶贫者首先立志，才能攻坚克难、实现冲刺。

其次是被扶贫者要立志。没有被扶贫者的立志，扶贫者的立志孤掌难鸣。因此，必须清楚认识到，对被扶贫者而言，最大的贫困是依赖心态。只有让困难群众精神上脱贫，变扶贫客体为主体，脱贫工作才会事半功倍，脱贫效果才具可持续性。

习近平总书记深刻阐述了立志对脱贫致富的重要性。他认为，人患志之不立，一个国家、一个民族在脱贫问题上更要立志，"只要有志气、有信心，就没有迈不过去的坎"②。早在《摆脱贫困》一书中，习近平就指出"扶志"的重要性，他认为，观念的贫困是比物质贫困更危险的。如果一个人总是"安贫乐道""穷自在""等、靠、要"，很难脱贫。这些思想不除掉，不仅扶贫难以实现，而且即使实现脱贫，其效果也不能持存。不仅如此，树立起"贫而先富"的思想能战胜观念的贫困，这种思想是实现从观念的致富到物质的致富的前提。

总之，无论是对扶贫者还是被扶贫者，只有立志，才能解放思想、激发内在活力。扶是手段，立是根本，扶贫必须以贫

---

① 《习近平在云南考察工作时强调坚决打好扶贫开发攻坚战加快民族地区经济社会发展》，http://www.xinhuanet.com/politics/2015-01/21/c_1114082460.htm.
② 《习近平在湖南考察时强调深化改革开放推进创新驱动实现全年经济社会发展目标》，http://cpc.people.com.cn/n/2013/1106/c64094-23444549.html.

困人口能够自立为目标。因此，习近平总书记要求："我们的党员、我们的干部、我们的群众都要来一个思想解放，观念更新，四面八方去讲一讲'弱鸟可望先飞，至贫可以先富'的辩证法。"①注重扶贫与扶志有机结合，大力培育贫困地区、贫困群众内生脱贫动力，是习近平扶贫思想的重要内容和战略取向。在这一思想的引领下，脱贫攻坚动力体系的核心就是把扶贫与扶志结合摆在突出位置，注重培育内生脱贫动力。

习近平总书记不仅阐述了立志对扶贫的重要意义，而且还就如何帮助贫困人口立志提出具体措施。习近平总书记认为扶志立志需要动员各方力量对贫困地区和人口提供智力支持，搞好农村智力扶贫开发工作。一方面，加强贫困村基层党组织的建设，抓好贫困乡村文明建设和移风易俗、抵制陈规陋习，将农村的扶贫与精神文明建设相结合，让贫困群众在精神上先强大起来，激发内生动力。通过广泛宣传，坚定信心决心，树立脱贫光荣、扶贫光荣的良好风尚。另一方面，加强贫困地区基础教育投入和建设，消除世代传递的贫困，彻底斩断穷根；加强对贫困地区劳动力的培训，着力提高劳动者素质，促进贫困人口就地、就近就业，帮助贫困群众增强自身脱贫致富的能力。

四、精准是扶贫脱贫的基本遵循

"精准"是习近平总书记有关扶贫问题的一个鲜明观点，是

---

① 习近平：《摆脱贫困》，福州：福建人民出版社，2014年版，第2～3页。

他扶贫思想的最大特色，同时也是根本要求。他指出，扶贫工作"贵在精准，重在精准，成败之举在于精准"①。习近平总书记关于精准扶贫的重要论述深入贯彻到《中华人民共和国国民经济和社会发展第十三个五年规划》的相关内容中，形成"六个精准"的思想。党的十九大报告进一步将之上升至国家战略和顶层设计的高度，提出"精准扶贫、精准脱贫"的宏大战略目标。

精准扶贫的必要性主要体现在以下几点。首先，必须做到精准识别，以防止平均数掩盖大多数，实现全面的扶贫。用精准滴灌式扶贫取代粗放漫灌式扶贫，使真正需要扶贫的群众获益。习近平总书记指出，要"更多面向特定人口、具体人口，实现精准脱贫"②。解决好"扶持谁"的问题。其次，只有精准扶贫才能落实帮扶责任。党的十九大报告提出"分工明确、责任清晰、任务到人、考核到位"的十六字精准扶贫方针，确保帮扶对象和帮扶责任人一对一，解决好"谁来扶"的问题。最后，只有精准扶贫才能实现高效扶贫，提高扶贫资源的配置效率，防止扶贫资源的浪费。习近平总书记曾多次指出："要坚持因人因地施策，因贫困原因施策，因贫困类型施策，区别不同情况，做到对症下药。"③尤其是那些特困区域，精准扶贫显得更

---

① 《习近平在部分省区市党委主要负责同志座谈会上强调谋划好"十三五"时期扶贫开发工作　确保农村贫困人口到 2020 年如期脱贫》，载《当代贵州》2015 年第 25 期，第 8～9 页。
② 《中央经济工作会议在北京举行习近平李克强作重要讲话》，http：//www.zgdsw.org.cn/n/2014/1212/c218988-26196145.html.
③ 《习近平在部分省区市党委主要负责同志座谈会上强调谋划好"十三五"时期扶贫开发工作　确保农村贫困人口到 2020 年如期脱贫》，载《当代贵州》2015 年第 25 期，第 8～9 页。

为重要，只有精准扶贫，才能集中力量帮扶重点区域。习近平总书记提出，扶贫资源要用在刀刃上，针对农牧区、边境地区和少数民族地区等重点区域，要"实行特殊政策，打破常规，特事特办"①。可见，在扶贫方式上，坚持精准扶贫才能解决扶贫的具体问题，让每一个贫困群众得到确确实实的帮扶，实现真脱贫，彻底解决好"怎么扶"的问题。

如何实现精准扶贫？对此，习近平总书记的思想可以归纳为"六个精准"，即扶持对象精准、项目安排精准、资金使用精准、措施到户精准、因村派人精准、脱贫成效精准。为达到"六个精准"的目标，习近平总书记提出一系列科学的实施措施，具体可概括为"四个结合"。

一是要科学规划和贯彻落实相结合。首先在顶层设计和总体规划上要"科学规划、因地制宜、抓住重点，提高精准性、有效性、持续性"②；此外，针对不同地区情况，他提出"四个一批"的扶贫攻坚行动计划，即"通过扶持生产和就业发展一批，通过移民搬迁安置一批，通过低保政策兜底一批，通过医疗救助扶持一批，实现贫困人口精准脱贫"③。

---

① 习近平：《坚持依法治疆团结稳疆长期建疆 团结各族人民建设社会主义新疆》，http://cpc.people.com.cn/n/2014/0530/c64094-25083518.html.
② 《中央经济工作会议在北京举行习近平李克强作重要讲话》，http://www.zgdsw.org.cn/n/2013/1216/c218988-23849600.html.
③ 《习近平在部分省区市党委主要负责同志座谈会上强调谋划好"十三五"时期扶贫开发工作 确保农村贫困人口到 2020 年如期脱贫》，载《当代贵州》2015 年第 25 期，第 8~9 页。

　　二是要整体联动和重点帮扶相结合。扶贫攻坚既要有共性的要求和措施，这就需要整体联动，又要在准确识别的基础上"突出重点、加强对特困村和特困户的帮扶"[①]以满足不同类型贫困人口特性的需求，保证特困村、特困户的基本生活需要。

　　三是要产业扶持和民生改善相结合。习近平总书记提出要"采取特殊的财政、投资、金融、人才等政策，加大扶贫攻坚和民生改善力度"[②]。产业的快速发展不能确保有效提高一个地区每一个贫困家庭的生活水平，所以，在发展产业的同时，还要有针对性地给予贫困地区和特困户特殊的政策扶持，多方位地改善群众的基本生活状况。

　　四是精准扶贫与政绩考核相结合。"贫困地区要把提高扶贫对象生活水平作为衡量政绩的主要考核指标"[③]，习近平总书记指出，要在脱贫攻坚第一线考察识别干部，激励各级干部到脱贫攻坚战场上大显身手。党的十九大报告提出要动员全党全国全社会力量，精准扶贫、精准脱贫，强化党政"一把手"负总责的责任制，党员干部要在困难群众生活水平的提高上出实招、见真效，凸显核心作用。

---

① 《习近平在湖南考察时强调深化改革开放推进创新驱动实现全年经济社会发展目标》，http://cpc.people.com.cn/n/2013/1106/c64094-23444549.html.

②习近平：《坚持依法治疆团结稳疆长期建疆 团结各族人民建设社会主义新疆》，http://cpc.people.com.cn/n/2014/0530/c64094-25083518.html.

③ 《中央经济工作会议在北京举行习近平李克强作重要讲话》，http://www.zgdsw.org.cn/n/2013/1216/c218988-23849600.html.

第二节　生态扶贫重要论述在江西的生动实践

习近平总书记在井冈山革命老区调研考察时指出，"扶贫、脱贫的措施和工作一定要精准，要因户施策、因人施策，扶到点上、扶到根上，不能大而化之"，并要求"井冈山要在脱贫攻坚中作示范、带好头"。

江西遵循习近平总书记的殷切嘱托，深刻把握精准扶贫的核心精神，先后出台《江西省"十三五"脱贫攻坚规划》《省委办公厅　省政府办公厅关于坚决打赢脱贫攻坚战的实施意见》，以及由江西省发展改革委、省扶贫和移民办、省林业厅共同研究制定的《江西省推进生态保护扶贫实施方案》《关于全力打好精准扶贫攻坚战的决定》等一系列政策与制度，按照"摸清底数、区分类型、找准问题、分类施策"的思路，扎实推进精准扶贫。此外，各地区纷纷出台精准扶贫计划，以全面建成小康社会为总目标，充分发挥江西的生态优势，不断将生态资源转化为扶贫资本，带领贫困群众在绿水青山之间实现脱贫致富梦，走出一条生态文明建设与精准扶贫相得益彰的路子。2017 年 2月，井冈山在全国率先脱贫摘帽，打造出脱贫攻坚战的"江西样板"。

趁着井冈山在全国率先脱贫摘帽的冲劲，江西省百尺竿头更进一步，于 2018 年 9 月，继续出台《中共江西省委　江西省人民政府关于打赢脱贫攻坚战三年行动的实施意见》，明确提出要千方百计提升老区人民福祉，切实提高贫困人口获得感，制定了未来三年江西脱贫攻坚的目标任务。把 2018 年作为深化落实年，加大攻坚力度，实现 40 万贫困人口脱贫、1000 个贫困村退出、10 个贫困县摘帽的年度目标。2019 年作为巩固提升年，着力巩固脱贫成果，逐步建立稳定脱贫长效机制，根据上年脱贫成效，调整脱贫规划，加快推进剩余贫困村基础设施建设和公共服务延伸，再努力实现 40 万贫困人口脱贫、6 个国定贫困县和 1 个省定贫困县摘帽的目标。2020 年作为全面决胜年，如期完成脱贫攻坚任务，确保现行标准下农村贫困人口实现脱贫，消除绝对贫困；确保贫困县全部摘帽，实现贫困地区农民人均可支配收入增长幅度高于全省平均水平，贫困地区基本公共服务和社会保障主要领域达到或接近全省平均水平，如期高质量打赢全省脱贫攻坚战，确保 2020 年全省脱贫质量和成效位居全国第一方阵。

一、推进党建扶贫，以红色党建引领绿色脱贫

习近平总书记在"六个精准"中特别提到要因村派人精准。在精准扶贫工程中，江西始终坚持这一基本原则，发扬红色文化优势，推动红色党建引领绿色发展，推进绿色脱贫；"树立'党建+'理念，以'连心、强基、模范'三大工程为统领，始终把党的力量挺立在脱贫攻坚的最前沿，全面推进'党建+脱贫攻坚'，把党建与精准扶贫拧成'一股绳'，在同心谋划、同向部

署、同步考核中实现党建与脱贫攻坚互促共进。"①全面开展"党员干部进村户、精准扶贫大会战"，强化扶贫作风，强化扶贫使命，把严的要求、实的作风贯穿到脱贫攻坚全过程，压实各级党委、政府的扶贫主体责任，加大监督执纪问责力度，建立了"第一书记联系村干部、驻村干部联系党员、党员联系村民"的工作机制，把党组织建在扶贫产业链、移民安置区、专业合作社和龙头企业中。采取"支部+企业+基地+贫困户""支部+移民安置点"等模式，壮大村集体经济，带领群众增收致富，把政策、温暖和服务送到百姓手中。创建脱贫攻坚"一把手"负责制和"321"帮扶责任机制，充分发挥党员干部在脱贫攻坚战中的"火车头"作用。制定干部考核提拔与扶贫挂钩机制，做到逢"提"必"下"，把促进贫困村经济发展、农村贫困人口减少、农村居民人均可支配收入等列为干部考核的重要内容，健全脱贫攻坚考核机制，夯实组织保障机制，为精准扶贫保驾护航。

例如，井冈山作为全国第一个脱贫示范区，全面推进"党建+脱贫攻坚"，开展"党员干部进村户、精准扶贫大会战"，将党建责任与脱贫目标相融合，让"干与不干不一样"。把党建考核与落实脱贫项目相融合，让"干好与干坏不一样"。把党建统筹与筹措脱贫资金相融合，让"乏力与给力不一样"。另外，井冈山还大力实施红卡、蓝卡、黄卡"三张卡"精准识别，建立"321"精准对接帮扶机制，把建设服务型党组织与扶贫开发有机融合。

---

① 《把党建与精准扶贫拧成"一股绳"》，互联网文档资源，http://news.gmw.cn/2017-09/24/content_26304709.htm.

"全市 3000 余名党员干部,组建 25 个扶贫团和 126 支驻村扶贫工作队,与贫困户无缝对接,形成市、乡、村、户四级联动的脱贫攻坚大格局。"①走出一条党建扶贫的井冈山之路。

上饶市横峰县是江西省贫困县,该县紧紧围绕"2017 年实现脱贫摘帽、32 个贫困村脱贫退出"总目标,坚持党建引领,开展"党建+扶贫"系列行动。"党建+连心月"行动让 2200 名党员帮扶干部积极投入紧张的脱贫攻坚战的工作中去。深入"党建+扶贫"联系点和定点帮扶村党总支(支部),大力宣讲"秀美乡村、幸福家园"创建成果与脱贫攻坚带来的社会效益以及新时代宅基地改革的新政策,走访慰问贫困农户和基层党员扶贫干部,帮助解决困难农户生活难题。扎实开展"党建+就业扶贫"春风行动,采取送岗位上门、送技能上门、送政策上门等多种形式,充分发挥园区企业承接、龙头企业带动、合作组织链接、扶贫车间吸纳、农村能人引领、公益性岗位扶持等主渠道作用,全方位拓展贫困群众就业门路,帮助贫困户在家门口实现就业。另外,该县还开展了"党建+网格化普查活动",各级党员帮扶干部按照网格化管理分工,对责任区所有农户开展"普查",全面查找问题。该县 11 个乡镇(场、办)党委自行组织开展村与村之间的交叉检查,并进行排名通报,落实整改措施;该县脱贫攻坚指挥部组织开展乡镇(场、办)之间的互查活动,并进行排名通报,明确整改要求,对普查、自查和互查

---

① 《把党建与精准扶贫拧成"一股绳"》,互联网文档资源,http://news.gmw.cn/2017-09/24/content_26304709.htm.

期间发现的问题建立台账，并及时销号整改。

二、发展产业扶贫，以生态产业增强"造血"功能

习近平总书记强调发展仍旧是脱贫攻坚的根本途径，指出要推进实施区域发展总体战略与脱贫攻坚相结合，并强调发展要走绿色生态化的道路。党的十九大报告提出要促进农村一二三产业融合发展，支持和鼓励农民就业创业，拓宽增收渠道。江西省委、省政府遵循习近平总书记和党中央的指示，高度重视产业精准脱贫工作，把它作为实施精准扶贫、精准脱贫的一项重要任务。在江西省委、省政府下发的《关于坚决打赢脱贫攻坚战的实施意见》中，明确将实施产业发展扶贫工程列为十大扶贫工程之首。由江西省农业厅、发改委和扶贫移民办公室联合印发的《江西省"十三五"产业精准扶贫规划》，锁定十大扶贫产业，从种养业生产、农产品加工、市场营销等全产业链条推进产业扶贫。

（一）生态农业扶贫

在推动绿色生态农业引领脱贫致富工程中，江西各地立足地方实际，因地制宜选择适合推进精准扶贫的产业，广泛推行"公司+农户""公司+基地+农户"的经营模式，引进扶植农产品深加工龙头企业，大力推行生态有机农业。在这方面值得一提的是江西宜春市。宜春市的生态有机农产品占江西的 40%，其中以万载县最具起色。该县发挥丰富的生态资源优势，因地制

宜，科学规划，加快新项目、新品种、新产品、新技术推广进程，扎实推进绿色生态产业创业就业扶贫攻坚。2017 年，全县已建立各种绿色生态特色种植、养殖基地 320 多个，流转经营土地、林地面积达 80 多万亩，让贫困农民在土地、林地流转中得益，在土地、林地入股上分红，在劳动力就业上增收。此外，已有 700 多个涉农企业、农林合作社各有特色地带动 2.6 万多名农村劳动力转移从事绿色生态经济产业工作，帮扶 5800 多名贫困农民通过就业实现了脱贫致富。堪称生态农业扶贫的"江西样板"。

此外，宜春市作为以生态农业脱贫攻坚的主阵地，还大力发展富硒绿色有机农业，编制了《宜春市富硒产业发展规划》，出台了《关于进一步加快全市富硒产业发展的实施意见》，开发利用富硒基地面积 35 万亩，富硒产业综合产值达到 95 亿元，绿色有机产业综合产值达到 120 亿元，"三品一标"认证产品达 954 个，绿色食品原料基地面积达 191.2 万亩，有机农产品认证面积达 114.8 万亩。发展生态+大健康产业，逐步建立以食材药材为重点的健康农业、以中医药为重点的健康工业、以健康旅游为重点的健康服务业等现代产业体系，生态+大健康产业增加值约占 GDP 的 12.7%，高出全国总体水平 3 个百分点。中医药产业稳步增长，主营业务收入突破 1000 亿元，中药材种植面积达 44.62 万亩，1000 亩以上基地有 55 个。这些产业的发展不仅带动了当地经济的绿色化发展，而且为地方脱贫注入了内生动力。

赣州是江西贫困县最多的地级市。在脱贫攻坚战的带动下，赣州各县（区）积极探索生态农业扶贫之路。石城县水土保持科普示范园曾经林草稀疏，农田水利简陋，土壤贫瘠，水土流失严重，生态环境脆弱。通过工程措施与生物措施、农业耕作措施相结合，治山治水相结合，坡面治理与沟壑治理相结合，建成了"名、优、特、新"的经济果木林，最终实现了生态效益和经济效益的有机统一。全南县的香韵兰花基地也可谓生态农业扶贫的一个经典。该基地作为现代高效农业产业扶贫基地，以种植和销售高投入、高产值、高效益的观赏性花卉——兰花为主。项目推进紧扣"精准脱贫"主题，让贫困群众聚集在主导产业链上共享收益，带动周边 172 户农户多要素增收致富。其中"流转土地得田租"26 户，"资金入股得分红"140 户，"基地务工得报酬"10 户。

位于赣州崇义县上堡乡水南村的观光农业园，把全国优良观光高产油葵品种引进种植，集高产优质食用油生产、旅游采摘、休闲观光于一体，园区建设与贫困户利益高度联结，有效帮助贫困户脱贫增收。赣州兴国县将油茶产业作为精准扶贫的主导产业，财政统一采购 200 万株油茶苗，免费发放给贫困户栽种。全县共规划 133 公顷以上扶贫油茶基地 9 个、333 公顷以上基地 11 个、666 公顷以上基地 2 个，贫困户采取入股和务工等形式依托基地获得收入。总之，近年来，赣州走出了一条"生态+扶贫"的模式，对欠发达地区在保持青山绿水的同时大力推进脱贫工作具有很强的借鉴意义。

为大力提升江西省生态农业扶贫水平和规模，2018—2019 年，江西省大力推行循环经济，加快培育绿色发展新动能，打造生态农业升级版。2018 年，江西绿色有机农产品基地面积占全省耕地面积的 38.6%。主要农产品监测合格率连续 5 年保持在 98% 以上，绿色有机农产品监测合格率稳定在 99% 以上，位居全国前列，农业农村部连续 3 年致函省政府表示肯定。截至 2018 年年底，全省共有"三品一标"5335 个，其中无公害农产品 2780 个、绿色食品 647 个、有机食品 1825 个、地标 83 个。全国绿色食品原料标准化生产基地有 44 个、面积达 853.6 万亩，全国有机农业（德兴红花茶油）示范基地有 1 个、面积达 3.8 万亩。循环农业、现代农业全面开花，定南县"种（养）植-能源-生态"循环经济模式成效初显，信丰获批国家首批现代农业产业园。农业品牌进一步提升，赣南脐橙位居区域品牌第九位、水果类第一位，"赣南茶油"获批国家地理标志证明商标。通过绿色有机农产品示范基地创建，江西省的生态扶贫实力得到明显提升，惠及的贫困人群越来越广，贫困人口的获得感也越来越强。

本着 "输血"不如"造血"的理念，遂川县聚焦产业扶贫，注入根本动力，增强"造血"功能。围绕茶叶、金桔、油茶、毛竹、蜜柚、板鸭等六大富民产业，按照"五个一"产业规划，因地制宜布局六大富民产业，实施"专业合作社+基地+农户"的发展模式，带动贫困户发展富民产业，提升自身发展能力。截至 2019 年，遂川县发展农民专业合作社 365 家、家庭农场 186 家、养殖专业大户 963 家、农业龙头企业 46 个，新建和改建富民产业基地145.37万亩。有5.2万户、20余万人通过富民产业实现了增收致富。

同样，上饶市弋阳县依靠发展雷竹系列产品，大力推进"雷竹+脱贫"战略，扛起了精准扶贫的重任。该县按照"产业到村、扶贫到户"的原则，把培育和壮大竹笋产业作为扶持重点，结合"企业+基地+农户""合作社+基地+农户"模式，创新出"五统一分"的精准扶贫方式，自2012年以来，通过发展雷竹，带动了2900余户贫困户、1.2万贫困人口脱贫致富。

上饶县充分发挥资源优势，鼓励发展中药材种植。全县种植铁皮石斛、三叶青、覆盆子、葛、元胡、枳壳等药材20多个品种，面积1万多亩，成立中药材种植合作社10多个，带动贫困户1000余户，每户种植中药材收益1万多元，助力贫困户脱贫致富。2016年年底，万安县的东村建档立卡的贫困户还有32户123人。该村依托独特的土壤条件种植中药材何首乌，采用"公司＋基地＋合作社＋农户"的运营模式，全力打造中国何首乌第一村。2015年，东村成立康太中药材专业合作社，优先吸纳贫困户入社，以县里的10万元产业扶贫资金入股，每户2200元，发放股权证，按股分红，不承担经营风险。2017年，东村继续扩大何首乌种植面积，同时，为了缓和高产何首乌面对市场价格波动时可能面临的压力，进一步保障农户利益，村里开始建设中药材加工厂，对新鲜出土的何首乌进行粗加工，大大增加了村民的收益。目前，在何首乌种植业带动下，东村所有贫困户基本脱贫。

江西大多数地区已经在生态农业扶贫方面找到了自己的特色，走出了自己的路子，有些地方甚至做到"一招鲜，吃遍天"。截至 2019 年，全省林下经济产值达 469.53 亿元。全省参与林下经济的农民达 318.16 万人，其中贫困人口 40.45 万人，建档贫困人口 35.67 万人。不仅如此，江西省预计到 2020 年将实现林下经济新增规模 1000 万亩以上，经营林地累计达 4600 万亩，新增林下经济产值 800 亿元，年总产值达到 2000 亿元以上，参与农户达到 230 万户以上。

（二）电商扶贫

江西省积极响应国家号召，认真落实《中华人民共和国国民经济和社会发展第十三个五年规划》，把互联网这张"招财网"巧妙融入扶贫，在全省全面推广"互联网+农业"，大力发展电商扶贫工程，推行"农户种植制作+合作社加工包装+电商服务站推广"模式。如瑞金市在金融、土地、人才、收费等方面给予电商产业扶贫支持。积极完善"三网一园一馆"电子商务平台，创立电商创业基地，解决贫困户创业资金困难。瑞金宽带网络已覆盖了 214 个行政村，占全市行政村总数的 96%；全市共建成村级服务站点 260 个，覆盖 60.54% 的行政村。此外，瑞金大力推进农产品上线，实现农产品销售额超 10 亿元。培训贫困户近 2000 人，带动就业创业 200 余人，电商扶贫成为了一条最直接、最有效、最精准的脱贫路径。2016 年，国务院总理李克强深入瑞金市华屋村"邮乐购"电商脱贫站点进行视察，对瑞金市的电商扶贫模式和经验给予高度评价。

江西其他地区纷纷效仿瑞金模式，例如九江市都昌县在电商扶贫工程中充分吸取瑞金经验，利用村"邮乐购"电商平台，重点推进精准脱贫站点建设，全县 30 余种农副产品实现网上销售，将都昌当地特色农产品销往全国各地，使贫困户脱贫致富。该县建设"邮乐购"站点 178 个，覆盖一半以上的村委会；脱贫站点 33 个，占 110 个贫困村的 1/3。

此外，各贫困县也纷纷加入电商扶贫大军之中。例如安远县现已是江西省县域电商十大领军县之一。近年来，该县抓住"互联网+"上升为国家战略的机遇，依托资源禀赋和产业优势，把发展农村电子商务作为产业转型和脱贫攻坚的重要着力点，积极探索"电商企业+电商扶贫合作社+电商扶贫基地+贫困户""四位一体"的电商扶贫订单农业模式，让深藏在山中的特色农产品销往全国各地，推动电商扶贫农产品供应链体系建设，走出了一条电子商务与产业发展、扶贫攻坚相融合的造血式扶贫新路子。

通过电商扶贫，安远县贫困人口不断减少。截至 2019 年，安远县已建成 1 个农产品电商产业园、1 个电商创业孵化基地和 18 个乡镇电商服务中心及 151 个村级电商服务站，贫困村电商服务站实现了全覆盖。赣南脐橙、紫山药、赣南红蜜薯、百香果等电商扶贫产业已覆盖 4000 余户贫困户，2017 年电商交易突破 15 亿元，快递单量突破 1000 万单。

江西生态优良、物产丰富，但一些地方苦于山高路远、交通不利，许多"家宝"困在深山无人知。所以，电商的出现无疑是江西彰显自己优势的一个重要契机，电商扶贫也由此在江西呈现遍地开花的局面。截至2019年，江西省共建成电商脱贫站点1515个，帮助5.4万名贫困户通过销售农产品增收625.5万元，带动1.04万名贫困户实现就业和增收。2017年，发布了《2017年江西电商扶贫工程推进方案》，计划建成2000个以上电商扶贫站点，打造200个以上电商扶贫示范点、若干个电商扶贫精品站点，通过示范引领推动电商扶贫进程，带动10万名以上的建档立卡贫困对象增收脱贫。为进一步夯实电商扶贫成效，一要继续推进电子商务"双进"示范工程。2018年9月，江西省分宜县、贵溪市、吉水县、南丰县4个县（市）被列为国家电子商务进农村综合示范县，获得中央财政支持资金6000万元。截至2018年年底，江西省累计有43个县（市）被列为国家电子商务进农村综合示范县，累计争取中央财政支持资金7.855亿元。

（三）清洁能源扶贫

按照习近平总书记关于生态扶贫的重要论述，江西省发改委制定了《江西省人民政府办公厅关于实施光伏扶贫扩面工程的意见》，努力推进清洁能源扶贫工程，把环境代价降到最低，把扶贫效应放到最大。江西各地按照因地制宜、政府主导、群众参与、长期有效的原则，在总结试点经验基础上全面实施光伏扶贫工作，用阳光把荒山野地变成金山银山。上犹县采取建设家庭分布式电站和村镇级集中式电站两种模式，投资490万元，在全县有条件贫困户中选择2000户贫困户开展光伏扶贫帮扶试点。266 户贫困户受益。通过采取招商引资形式，建设大型光伏电站，以土地入股、基础设施奖补分红、解决就业等形式，贫困村和贫困户从电站收入中获益，保障村均 2 万元以上、户均1500 元以上收入。

鄱阳县县财政拿出 4500 余万元，由点到面，高位推进，将光伏扶贫工程扩面为全县建档立卡贫困村全覆盖。启动一批村级电站建设，按照每村 100 千瓦的标准建设光伏扶贫电站，加快村级光伏电站对建档立卡贫困村的全覆盖。鄱阳县光伏电站能保障建档立卡贫困户实现每户每年净增收 3000 元。江西省已被列入国家光伏扶贫首批项目地区，全省共有 3 个扶贫项目。

广昌县针对因病、因残、五保供养等丧失劳动能力的贫困户，采取"兜底+光伏"扶贫，让无劳动能力的兜底户稳定增收，实现稳定脱贫。"2016 年起，该县通过引进社会资本和整合扶贫资金，投入 5453 万元建成首批光伏扶贫村级电站 9 个、公共屋顶光伏扶贫电站 1 个，总建设规模达 7.79 兆瓦，并网发电后，预计年发电产值达 800 万元，可让 1558 户贫困户实现户均稳定收益 3000 元/年。"[1]

修水县溪口镇 2018 年"六合一"光伏扶贫发电项目正式并网发电。该光伏扶贫发电站是该镇溪口村、南田村、车头村、蒲口村、义坑村和咀头村等 6 个村集中建设的。两年来，该镇建设 14 个光伏扶贫发电站，总受益贫困户有 1151 户 4299 人。

---

① 《广昌创新"五+"模式拓宽扶贫路》，载《抚州日报》，2017 年 9 月 6 日。

"六合一"光伏扶贫发电站预计年发电量近 60 万千瓦时，每年可为村集体带来近 50 万元收益。

江西在全省范围，尤其是贫困县大规模推行光伏扶贫项目。截至 2019 年，江西省已圆满完成第一批光伏扶贫工程接网工作，全省累计建成光伏扶贫电站 49371 个、装机容量达 163.53 万千瓦，帮扶贫困户 315585 户。从项目类型区分，含户用项目 40868 个、装机容量达 20.02 万千瓦；村级电站 7130 个、装机容量达 39.56 万千瓦；联村电站 1291 个、装机容量达 53.67 万千瓦；集中式电站 82 个、装机容量达 50.29 万千瓦。从纳入国家补贴政策看，已纳入国家补助目录项目有 38784 个、装机容量达 73.18 万千瓦；正在申报纳入国家补助目录项目有 10587 个、装机容量达 90.36 万千瓦。

（四）生态旅游扶贫

江西省认真贯彻执行习近平总书记"绿水青山就是金山银山"的理念，积极尝试将扶贫和旅游相结合，积极推动独特的"红色、古色、绿色"等历史文化与丰富的旅游资源有机融合，打造类型丰富、形式多样的旅游产品，不断把资源优势转化为优势资源，把生态效益转化为经济效益，为扶贫提供建设使用的物质力量基础。例如赣州市寻乌县遵循发展绿色经济、做优生态产业、变绿水青山为金山银山的原则，充分利用生态资源禀赋，大力发展乡村旅游，通过发挥旅游扶贫造血优势，积极带动当地群众创业就业，解决贫困群众就业增收难题，逐步巩固脱贫成效。全县共有 7 个旅游景点搭建各类帮扶平台 9 个，吸纳贫困群众 96 户 376 人，实现户年均增收 1.5 万元。

大余县更是树立全域旅游理念，立足现有 11 个乡镇 22 个旅游扶贫示范点，以路串点、以路联景，串联"红色旅游"文化带、特色农业产业带、生态养生度假基地和民俗文化廊道等"红、古、绿、黑"特色项目、特色景点，打造"百里乡村旅游扶贫长廊"。依托景区发展，结合特色农业产业和生态环境保护，大龙山村 80% 的贫困户已经脱贫，仅农家旅馆方面，村里就有 78 户贫困户和其他农户参与，户均年增收 1 万元以上。

趁着井冈山在全国率先脱贫摘帽的干劲，吉安市紧紧围绕建设国家旅游扶贫试验区，以乡村旅游和旅游扶贫为重点，进一步推进实施"全景吉安，全域旅游"战略，乡村旅游已成为助力乡村群众脱贫致富的"轻骑兵"。永新县大力实施"全域旅游、全景永新"战略，深入挖掘本土"红色"、书法、农耕等文化资源，探索出一条"文创+旅游"助推脱贫攻坚之路。全县打造了高市乡洲塘精品书画村、三湾乡三湾村、龙源口镇龙源口村、莲洲乡溶溪村等一批乡村"文创"旅游扶贫示范点，引导农户发展农家乐、果蔬采摘等乡村旅游产业。共发展各类农庄 300 余家、二星级以上农家乐 16 家，受益贫困户 298 户，户均年增收 2000 余元。万安县"花花世界"成为集产业研发、农业示范、休闲观光、婚纱摄影、科普娱乐、田园社区于一体的现代特色农业观光产业园。在"花花世界"观光园，直接招聘当地农民工（包括临时工）220 余人，其中贫困户 30 户，月工资平均在 2200 元以上。吉安市乡村旅游发展带动全市 6 万多名农民就业,年人均增收 3800 多元。其中井冈山市通过大力实施旅游扶贫工程,旅游收入已占全市 GDP 的 60%以上,为 2017 年年初井冈山市在全国率先脱贫摘帽做出了积极贡献。

三、实施兜底扶贫,以体制机制确保人人脱贫

在习近平总书记"五个一批"重要论述的指导下,江西省严格按照习近平总书记"在扶贫的路上,不能落下一个贫困家庭,丢下一个贫困群众"的庄严承诺,大力实行兜底扶贫,给贫困群众,尤其是革命老区贫困群众带来满满的希望。

兜底扶贫是精准扶贫的"最后一千米"。精准扶贫不仅要把能扶的扶起来,还要将那些不能扶的保起来,确保扶有所扶。江西省以"不让一人掉队"为目标,从以下四个方面,扎实推进兜底保障扶贫。

(一)推进生态保护性扶贫

江西省本着"绿水青山就是金山银山"的理念,积极开发生态公益性岗位,优先安排有劳动能力的贫困人口就业,致力于自然资源和生态环境保护与精准扶贫相结合,把靠山吃山、靠水吃水的贫困群众变成保护森林和河流的卫士,既保护了生态,又实现了脱贫。会昌县在江西省委、省政府的引导和扶持下,积极开展建档立卡贫困人口生态护林员续聘,通过国有林场改革让昔日"砍树人"变身"护树人"。该县 8 个国有林场原

有 1200 多名职工，政府向公益林场和保护区共划拨 30 个编制用来安置职工，103 人作为管护人员。该县通过生态保护扶贫，选聘贫困户担任生态护林员，每人一年可获得护林劳务工资至少 1 万元，有效保障了管护人员的基本生活，实现了生态保护和生态脱贫"双丰收"。

乐安作为全省林业大县，全县封育面积达 242.5 万亩。为发挥林地资源在脱贫攻坚工作中的优势，2016 年，该县认真研究制定符合本县县情的《乐安县护林员选聘办法》，按照"精准、自愿、公开、公平、公正"原则，从全县建档立卡贫困户中选聘出生态护林员 215 名，每人每年 1 万元劳务工资，有效地保护了县域林地资源，同时改善了贫困群众的生活状况。此外，该县还出台了《乐安县林下经济发展规划》，充分利用 278.4 万亩的山林面积，"每年安排 1000 多万元专项资金对林业产业实行重点扶持，聘请专业技术人员对护林员举办免费林下经济技能培训，让每名护林员都掌握了二至三门林下经济种养技术。同时发挥龙头企业的带动作用，通过协调贷款、政策倾斜等措施，建立起毛竹、油茶、药材、花卉苗木、蚕桑等特色林业基地，初步形成了林下种植、林下养殖等多种经济形态。仅 2017 年新增林下经济示范基地 15 个，示范面积 3650 亩。"[1]形成"林药模式""林果模式""林禽模式""林畜模式""林菌模式""林蜂模式"6 种林下产业模式。

---

① 《乐安精准脱贫与生态保护实现"双赢"》，载《抚州日报》，2018 年 5 月 25 日。

会昌、乐安做出了江西生态保护扶贫的特色，带动一大批贫困县开始尝试摸索。从 2016 年开始，江西根据全省 24 个重点贫困县的天然林和退耕还林的生态林分布情况，选聘 7000 名贫困户为生态护林员，每人年均管护费 1 万元。2017 年，下达建档立卡贫困人口生态护林员转移支付资金 1.05 亿元，在上年 7000 名生态护林员指标上新增建档立卡贫困人口生态护林员 3500 名；截至 2019 年，全省在 31 个县（区、市）共落实生态护林员 10500 名，人均补助标准为每年 1 万元。2018 年，随着江西加强天然林保护，建立天然林管护机制，签订停伐、管护协议，落实管护责任，生态护林员机制和护林员人数不断增长，从中受惠的贫困人口也持续上升。江西根据最新国家天然林保护政策，2018—2020 年每年安排资金不低于 2017 年水平。

不仅如此，江西省继续加大生态保护扶贫力度，改进生态保护扶贫方式，做到彻底改变贫困地区的生态质量来带动扶贫。到 2020 年，江西省将通过一系列措施和政策确保贫困地区生态质量进一步提升，森林覆盖率稳定提高 10%左右；环境状况得到显著改善，地表水质量优良（达到或优于Ⅲ类）比例进一步提升，空气质量优良天数比例优于全省平均水平，农用地和建设用地土壤环境安全得到基本保障；生态资源得到有效挖掘，生态价值评估试点形成成果，初步探索出多种生态价值转换的模式；生态保护补偿制度全面实施，流域生态保护补偿资金对贫困地区的补助比例进一步提高，针对贫困群众的公益性岗位大幅增加，贫困群众通过生态保护补偿的收益明显提高。通过提升贫困地区的生态质量来为脱贫提供生态保障。

（二）推动生态移民异地搬迁扶贫

国家发展改革委、国务院扶贫办会同财政部、国土资源部、中国人民银行五部门联合印发《"十三五"时期易地扶贫搬迁工作方案》，提出"十三五"时期要坚持群众自愿、积极稳妥方针，坚持与新型城镇化相结合，对居住在"一方水土养不起一方人"地方的建档立卡贫困人口实施易地搬迁，加大政府投入力度，创新投融资模式和组织方式，完善相关后续扶持政策，强化搬迁成效监督考核，努力做到搬得出、稳得住、有事做、能致富，确保搬迁对象尽快脱贫，从根本上解决生计问题。江西省深入贯彻落实党中央和省委相关政策，制定《江西省"十三五"易地扶贫搬迁工作实施方案》，省住建厅、省财政厅、省扶贫移民办、省残联联合印发《江西省 2017 年农村危房改造实施方案》，把易地扶贫搬迁、乡村基础设施建设和危旧房改造等作为脱贫攻坚的重中之重来抓。严把政策关、算好统筹账，选择在方便就业、交通便利的好地段，采取统一规划、统一建设的方式，高标准建设集中安置点，全力推进精准搬迁、精准脱贫，确保贫困群众搬得出、稳得住、能致富。"十三五"期间，全省易地扶贫搬迁建档立卡贫困人口 13.5 万人，截至 2018 年 12 月底，累计完成搬迁入住 13.06 万人，搬迁入住率达 96.74%，涉及生态移民 1278 户 4617 人，切实落实并完成年度易地扶贫搬迁生态移民的搬迁安置任务。

为保护生态脆弱地区的生态环境，同时改善居住在恶劣自然环境条件下人民的生活环境，遂川制定了《遂川县生态扶贫试验区建设实施方案》。作为全省 4 个移民"进城进园"试点县之一，该县结合"城镇化集中安置"模式，用地 1000 亩，打造了"梦想安居家园"，计划安置移民 2 万人。目前，一期工程已基本完工，第一批 460 户移民户通过公开摇号选到了新房，已陆续搬迁入住。扶贫点采取深山区移民、地质灾害移民搬迁和危旧房改造政策叠加的办法，其中移民搬迁补助每人 4000 元，危旧房改造补助每户 1.35 万元，由县里统一建设移民房和配套基础设施，统一完成简单装修并接通水电，移民户可直接"拎包入住"。遂川县只是吉安市的一个典型。实际上，整个吉安市委进一步推进生态扶贫，已经启动生态扶贫三年行动计划，全市截至 2019 年已完成农村危旧土坯房改造 3371 户，易地扶贫搬迁 353 人。为确保搬迁移民有稳定的经济来源，吉安市根据生态保护与经济创收相统一的原则，完善贫困人口生态护林员选聘制度，落实 2021 个生态护林员岗位，争取流域生态保护补偿资金 36134 万元，较上年增长 54.2%，带动了一批生态环保领域的重点项目实施。

论到生态移民异地搬迁扶贫，不得不提上犹县。上犹县位于赣州市西部、罗霄山脉南部，是国家扶贫开发工作重点县、罗霄山区集中连片特困地区扶贫攻坚县。全县有 57 个省级扶持贫困村，其中国家级贫困村 28 个，贫困人口 64058 人，贫困发生率为 23.83%。此外，上犹县还是库区移民大县，14 个乡（镇）

中有 10 个乡（镇）是库区乡（镇），库区面积达 12.6 万亩，库区乡（镇）人口 20 万人，有大中型水库移民 8645 户 38334 人。从 2014 年开始，江西省就已下达上犹县搬迁移民计划 1022 人，打响该县生态移民搬迁战的第一枪。之后，该县实施了一系列生态移民扶贫行动，重点打造了"梦想家园—城南社区"安置示范点，总投资 2.4 亿元，建设房屋 1103 套，规划居住人口 5000 人。示范点已全部落实搬迁对象，其中，建档立卡贫困农户 78 户 325 人、库区农户 87 户 410 人、深山区农户 65 户 287 人。

截至 2019 年，江西省已经将以上犹为代表的罗霄山区集中连片特困地区作为全省重点扶贫对象，大大增加了对该区域的帮扶力度，进一步加大对上犹等四县的"十三五"时期贫困村绿色产业发展的扶持工作力度。2018 年，四县共 79 个贫困村出列，其中深度贫困村 10 个，1.22 万贫困人口脱贫，加快群众增收致富步伐。

为确保搬迁扶贫的贫困户不再返贫，江西省积极为搬迁移民寻找经济来源。上饶市 2018 年推进异地搬迁扶贫工程，易地扶贫搬迁对象 197 户 544 人，建设集中安置点 9 个，273 人已搬迁入住，还有一部分正在筹划之中。与此同时，为让搬迁移民有稳定的收入，2018 年，全市共选聘生态护林员 1457 名，比上年度新增 294 名，每名护林员每年工资 1 万元；林业产业扶贫企业达 141 个，涉及贫困户用工人数 4261 人，其中吸纳建档立卡贫困户 867 户，人均年平均工资收入 12580 元。同时，各地整合扶贫资金助推精准扶贫，如上饶县整合扶贫资金 2420 万元，在 9 个油茶重点乡镇、23 个贫困村新造高产油茶示范基地 1 万亩、油茶抚育 1 万亩，带动 1383 户贫困户增收。

为了保护好江西的绿水青山，同时改善居住在深山大林中人民的生活，生态移民异地搬迁扶贫已成为江西省生态扶贫工作中的重大工程。全省自然保护区、森林公园、湿地公园总面积达到 2551 万亩，占国土面积的 10.2%。生态扶贫试验区建设改革试点取得初步成果。

（三）实施社会保障和健康扶贫

体制机制建设是江西省生态文明试验区建设的重中之重。为确保扶贫工作可持续发展，江西狠抓体制机制建设，着力从贫困人口动态管理、扶贫产业发展、健康扶贫保障、贫困户长期帮扶四个方面建立长效机制，防止脱贫群众返贫。

通过出台农村最低生活保障制度与扶贫开发政策有效衔接实施办法，加大最低生活保障救助力度，健全留守儿童、留守妇女、留守老人和残疾人关爱服务体系；加大对重度残疾人、农村孤儿和无人抚养儿童等严重困难群体的救助力度。"对已经销号的贫困村，原有的扶贫政策保持不变，确保脱贫农户生活水平稳步提高，销号贫困村基本公共服务水平稳步提升，确保贫困户脱贫后不再返贫。"[①]

---

① 《鹿心社：弘扬井冈山精神　打赢脱贫攻坚战》，人民网江西频道，http://jx.people.com.cn/n2/2017/0309/c190260-29829431.html.

兴国县通过精准识别、精准帮扶、精准管理，创新扶贫补助机制，实施医疗救助、最低生活保障以及临时生活困难救助"三位一体"的综合式扶贫模式。2017 年，该县最低生活保障共保障 18176 户 41260 人。医疗救助累计救助 10144 人次，下拨救助资金 1186 万元，有针对性地、及时地保障了特困群众的最低生活。

莲花县认真按照精准扶贫、精准脱贫基本方略，下足"绣花功夫"，创新建立起了"5110"健康扶贫模式，把五道保障线、一站式结算、城乡医疗卫生条件建设一体化、签约医生"零距离"服务等融为一体，通过这一系列的创新做法，掐断了群众因病致贫、返贫的根，让贫困群众实现看得上病、看得起病、看得好病，走出了一条具有莲花特色的健康扶贫之路。莲花县健康扶贫"5110"模式工作实施以来，已经成功结算 1587 人次，为贫困户贴补报销资金 535.4 万元，建档立卡贫困人口患者报销率达到 95.7%。

兴国县、莲花县是江西省社会保障扶贫和医疗扶贫的典型代表。近年来，全省的扶贫保障标准逐年整体性提高。"2016 年江西农村低保标准为月均 270 元（3240 元/年），农村五保分散供养标准达到月均 290 元（3480 元/年）"[1]，分别比国家贫困标准线高出 13.5% 和 21.9%。2017 年，全省农村低保平均保障标准提高到每人每月 305 元，增长 12.96%，月人均补差水平提高

---

[1]《鹿心社：弘扬井冈山精神　打赢脱贫攻坚战》，人民网江西频道，http://jx.people.com.cn/n2/2017/0309/c190260-29829431.html.

到 225 元，增长 15.38%；农村特困人员集中供养标准每人每月突破 400 元，达到每人每月 425 元，增长 18.05%；农村特困人员分散供养标准每人每月突破 300 元，达到每人每月 320 元，增长 10.34%。

此外，"江西通过推广重大疾病商业补充保险，为贫困人口构筑了新型农村合作医疗、新农合大病保险、农村贫困人口重大疾病商业补充保险、城乡医疗救助四道医疗保障防线，加大村级卫生计生服务室标准化建设和农村医疗队伍建设力度，优化医疗补偿结算报账程序，加强残疾人康复、传染病、地方病、慢性病等救助工作，有效防止因病返贫。"[1]江西省将建档立卡贫困人口门诊慢性病补偿比例由 40%提高到 50%，年度封顶线由 3000 元提高到 4000 元，贫困人口个人自负费用比例下降到 10%左右。

（四）实施教育扶贫

在习近平总书记"扶贫先扶志，扶贫必扶智"思想的指导下，江西省加大对贫困地区教育的支持力度，对建档立卡贫困家庭子女建立教育精准扶贫机制，保障贫困地区学生就近公平享受优质教育资源。上饶县在教育扶贫工作上一直走在前列，该县始终本着既"输血"又"造血"、既扶贫又扶智的原则，高度重视对贫困人口的教育投入，让每一个贫困孩子平等享有受

---

[1]《鹿心社：弘扬井冈山精神　打赢脱贫攻坚战》，人民网江西频道，http://jx.people.com.cn/n2/2017/0309/c190260-29829431.html。

教育机会。县教育部门会同当地党委、政府针对上饶县近 300 多名贫困户家庭 15 至 19 岁未完成义务教育阶段的适龄学生，动员他们返校学习。2016 年，上饶县共发放各类教育资助金 2304 万元，精准资助各类贫困学生 41029 人。除了上饶县，江西其他各地区正在迎头赶上，加大各级政府教育扶贫财政预算。截至 2017 年，省级财政安排 10 亿元，扩充学前教育资源；安排 15 亿元，推进城乡义务教育均衡发展；安排 4 亿元，按生均 500 元的标准实施财政补助；安排 1000 万元，重点改善贫困县特殊教育学校办学条件。学生营养餐计划中，17 个集中连片特困县、3744 所学校、83.77 万名学生全面实现开学开餐；食堂供餐学校数达 2295 所、学生人数达 53.58 万名。

江西省在教育扶贫上不仅大力资助扶持基础教育，而且把职业教育作为脱贫攻坚的重要抓手。江西省慈善总会"刨穷根"项目是一个非常典型的案例。2017 年，该项目共资助井冈山市旅游中专贫困学生助学金 1.93 万元，该校 43 名符合条件的贫困家庭学生每人获得 5100 元的资助。除了经济资助，该项目还设计了长远帮扶计划，通过各种途径帮助贫困家庭学生减轻经济负担，帮助贫困学生顺利完成学业并就业，力争让贫困生能够选择一个好专业，找到一份好工作，得到一个好发展。在校学生可享受两年国家助学金，每年获资助 2000 元；井冈山市贫困建档立卡户学生通过这个项目还可享受两年"雨露计划"资助，每年获资助 3000 元，学校对特困生实施全免费就读政策。井冈山市旅游中专成功申报省慈善总会"刨穷根"项目，进一步帮助贫困学生完成学业、顺利就业。

不只是井冈山，实际上江西已经制定出台《江西省教育扶贫工程实施方案》，在全省开展各种职业教育扶贫工程和"雨露计划"，针对贫困地区和贫困家庭，开展长期和短期的职业教育，对在中职就读的全日制农村、城市涉农专业及家庭经济困难的在校学生免除学费。根据专业收费标准不同，财政分别按照每生每年 850～4500 元的标准给予学校学费补助。对在中职就读的全日制一年级、二年级涉农专业及家庭经济困难的在校学生，按照每人每年 2000 元标准发放国家助学金。

结合"雨露计划"培训工作的开展，配合省科技厅重点在产业发展基础薄弱、贫困村和贫困人口覆盖面广的县（区、市）进一步加大对建档立卡贫困户及其子女实施绿色培训工作，与省农业厅对接，依托扶贫产业基地或专业合作组织，通过绿色农业发展带头人的产业带动，引导贫困户有组织地积极流转土地、山林等资源，增加资产性收益，参与绿色农产品生产，降低或减少化肥、农药的使用，最大限度地保护好环境。截至 2019 年，江西各地共择优选择贫困村创业致富带头人 7853 人，培训各类贫困村创业致富带头人 232 期 8620 人次。选取实训基地数量 897 个，带动贫困户发展产业 22196 户，带动贫困户就业 25475 户。

第三节　江西践行生态扶贫重要论述的启示

一、党为领导，唱响红绿交响曲

党的十九大报告特别指出："坚持中国特色社会主义道路是实现社会主义现代化、创造人民美好生活的必由之路，中国特色社会主义理论体系是指导党和人民实现中华民族伟大复兴的正确理论。"[①]报告同时指出："中国共产党领导是中国特色社会主义最本质特征。东西南北中，党是领导一切的。必须增强政治意识、大局意识、核心意识、看齐意识，自觉维护党中央权威和集中统一领导……提高党把方向、谋大局、定政策、促改革的能力和定力，确保党始终总揽全局、协调各方。"[①]

可见，坚持中国特色社会主义道路是打赢脱贫攻坚战的前提条件，突出党的核心领导地位和首创精神是实现精准扶贫的持久动力和根本保障。因此，在脱贫攻坚战中，江西发扬红色精神，坚持红色促党建、党建促扶贫的工作方针，走出一条红色引领、绿色发展的脱贫致富道路，凸显了党在一切工作上的领导和先锋作用。在党建扶贫方面，江西主要从三个方面入手。一是坚持党组织的核心领导作用。围绕党建将各种力量拧成"一股绳"，找准党建工作与脱贫攻坚的切入点和结合点，充分

---

① 习近平：《决胜全面建成小康社会 夺取新时代中国特色社会主义伟大胜利——在中国共产党第十九次全国代表大会上的报告》，载《人民日报》，2017年10月19日。

发挥基层党组织在脱贫攻坚中的示范引领作用，在建组织、带队伍、强责任、严纪律等方面持续发力，突出党建在扶贫中的先锋作用。二是发挥党支部的战斗堡垒作用。农村富不富，关键看支部。农村基层党组织是带领广大贫困地区和贫困户如期稳定脱贫的中坚力量。江西在扶贫工作中，始终把党支部建在扶贫产业链、移民安置区、专业合作社和龙头企业中，积极联系群众、宣传群众、组织群众、团结群众，在脱贫攻坚中发挥着政策落实、带动致富和服务群众的桥头堡作用，打通脱贫攻坚工作的"最后关键一千米"，实现基层党建和精准扶贫的深度融合。三是发挥党员的模范带头作用。支部做堡垒，党员当先锋。为保证扶贫精准到位，江西省大力组织党员干部、致富能手与贫困户结成帮扶对子，鼓舞脱贫士气，增强脱贫本领，营造脱贫氛围，明确脱贫责任，打赢脱贫攻坚战。例如，截至 2019 年，已有四县（市）实现脱贫的吉安市在"党建+扶贫"理念指引下，特别注重配备精干队伍引领脱贫，选优、配强贫困乡、村一级干部，并对贫困村党组织书记队伍进行调整选配，派出 491 个帮扶工作组驻村帮助贫困村抓党建、促脱贫。所有行政村选派第一书记做到全覆盖，全市 2.8 万名党员干部组成 1109 个工作组，入驻所有贫困村，结对帮扶 5.1 万户贫困户。

二、志智双扶，提升脱贫软实力

扶贫先扶志，脱贫先脱愚。最大的贫困是依赖心态。只有让困难群众精神上也脱贫，变扶贫客体为主体，脱贫才具可持续性。脱贫攻坚中，江西突出志智双扶，在全面推动产业、制度、服务等物质扶贫工程的同时，也大力开展了"扶志""扶技""扶智"的精神和文化扶贫工程，把精神扶贫与物质扶贫有机地统一起来，形成二者相互促进、相得益彰的格局。

通过"扶志"，消除思想上的贫困。"推进脱贫攻坚，除了政策、资金之外，最关键的因素还在于人心。"[①]为了从思想上消除贫困群众的依赖心态，江西把树立坚定自信和营造良好氛围放在重要位置。通过大力弘扬井冈山精神，传承红色基因，加强对贫困群众的思想引导，转变其思想理念，从精神上进行教育、帮扶，增强战胜苦难的斗志，激发其想脱贫、要致富的内生动力，形成贫困群众自己与贫困做决断的战斗，变群众"要我脱贫"为"我要脱贫"，从骨子里挖除"病根"。

在具体举措上，江西深入开展社会主义核心价值观教育和"脱贫好故事"活动，让困难群众自己讲述自己的脱贫故事，"广泛宣传自强不息、自主发展脱贫的先进典型，着力营造'扶贫不扶懒'的社会氛围，让贫困群众看到希望、发奋脱贫，引导贫困群众牢固树立'摘帽为荣、戴帽为耻'的观念，增强加快脱贫的信心。"[①]

除此之外，江西还通过改变资金补助方式，引导和激发贫困群众的脱贫动力，主要将贫困资金补助由生活补贴转变为产业奖补，尤其在产业发展、进城务工、自主创业等方面给予重

---

① 《鹿心社：弘扬井冈山精神　打赢脱贫攻坚战》，人民网江西频道，http://jx.people.com.cn/n2/2017/0309/c190260-29829431.html.

点扶持，调动发挥贫困户自力更生的积极性，帮助贫困群众克服"等、靠、要"思想。

通过"扶技"，消除能力上的贫困。"注重加强教育培训，增强贫困家庭脱贫致富能力。组织实施'雨露计划'等教育培训"，[①]加强农村实用技术培训，提高脱贫致富的专业技能，让有劳动能力的贫困人口都有一技之长，实现"一人务工、全家脱贫"。此外，政府还组织了各类免费创业培训和指导，积极开展职业教育、产业创新等技术培训，把"职业农民、种粮大户、新型农业经营主体等纳入培训范畴，发挥他们的示范带动和组织能力，让贫困群众学有榜样、行有示范、赶有标杆"。[①]

通过"扶智"，消除世代传递的贫困。"智"贫了，"志"就贫了，脱贫不返贫，要看娃娃行不行，扶贫效果能长远，娃娃教育是关键。在教育扶贫方面，江西开启贫困学生资助"绿色通道"，加大贫困家庭子女教育救助力度，对建档立卡家庭经济困难学生和残疾学生免除普通高中学杂费。在扶贫过程中，江西一直把智力扶贫、人才培养放在突出位置，通过"加大教育扶贫、教育救助力度，让贫困家庭孩子接受更加公平、更有质量的教育，掌握更多的知识和技能，彻底斩断'穷根'"[①]；通过建立教育爱心基金，对贫困户的子女从幼儿园、小学、中学到职业教育给予一揽子的政策帮扶，绝不让一个孩子因贫困而失学，切实消除贫困的代际传递。为脱贫攻坚夯实软实力，做

①《鹿心社：弘扬井冈山精神　打赢脱贫攻坚战》，人民网江西频道，http://jx.people.com.cn/n2/2017/0309/c190260-29829431.html.

到脱真贫、真脱贫。

三、精准滴灌，确保扶者有所扶

"精准"是井冈山扶贫的最大特色。继井冈山在全国率先脱贫摘帽以来，江西省把井冈山的精准扶贫经验在全省各地复制推广，把"精准"贯穿扶贫全过程，聚焦"贫困面有多大、贫困人口有多少、致贫原因是什么、脱贫路子靠什么"等关键问题，实现扶贫对象、措施、管理、资金、项目、责任精准，做到心中有数、方略有谱。

首先，在精准对象上，江西在全国首创了"红蓝卡"分类识别机制，精确"扫描"每一个贫困户，变面上掌握到精准到人。为了精准再精准，还建立了脱贫政策明白卡、贫困户基本信息卡、帮扶工作记录卡、贫困户收益卡"四卡合一"机制，精准确定每一个贫困户的每一项收入，让群众身边熟人把关，记录脱贫全过程，防止虚假脱贫。

其次，在精准举措上，让项目资金跟着贫困群众走，变"大水漫灌"为"精准滴灌"。在精准管理上，实施贫困户动态管理，实时掌握贫困群众实际情况，变"固定受益"为"精准进退"。坚定贯彻"有能力的扶起来，扶不了的带起来，带不了的保起来"的脱贫要诀，做到产业扶持、制度扶持和保障兜底扶持"三管齐下"，对失去劳动力的老人、病人、残疾人实施低保制度和医保制度，给予最稳固的兜底保障，有效防止因病返贫，避免出现边脱贫、边返贫现象，做到扶贫路上不让一个人掉队。

最后，在精准责任上，江西牢固树立"党建+扶贫"理念，创建了"321"帮扶责任机制。3000多名党员干部组成的25个扶贫团、126个驻村帮扶工作队分赴精准扶贫一线战场，充分发挥"火车头"作用，做到"乡乡都有扶贫团，村村都有帮扶队，一村选派一个第一书记，一个贫困户确定至少一名帮扶责任人"，打造了一支"不走的扶贫工作队"。此外，江西制定了干部考核提拔与扶贫挂钩机制，做到逢"提"必"下"。将促进贫困村经济发展、农村贫困人口减少、农村居民人均可支配收入增加等列为干部考核的重要内容。

第六章　厚植生态文化底蕴，
　　　　传播赣鄱文化

第一节　生态文化重要论述

建设生态文明是中华民族永续发展的千年大计。党的十八大以来，以习近平同志为核心的党中央对"为什么建设生态文明、建设什么样的生态文明、怎样建设生态文明"的重大理论和实践问题作出了深刻回答，提出了一系列新理念、新思想和新战略，形成了习近平生态文明思想，成为习近平新时代中国特色社会主义思想的重要组成部分。习近平总书记指出："中华民族向来尊重自然、热爱自然，绵延 5000 多年的中华文明孕育着丰富的生态文化。"[①]习近平生态文明思想深深根植于中华文明丰富的生态智慧和文化土壤，有着丰富的生态文化内涵与实践意蕴。

[①] 习近平：《推动我国生态文明建设迈上新台阶》，载《求是》2019 年第 3 期，第 4～19 页。

一、高度的文化自信与生态文化自觉

在建党 95 周年庆祝大会的重要讲话中，习近平总书记指出"文化自信，是更基础、更广泛、更深厚的自信"①。党的十八大以来，习近平总书记曾在多个场合提到文化自信，传递出他的文化理念和文化观。在 2014 年 2 月 24 日的中央政治局第十三次集体学习中，习近平总书记提出要"增强文化自信和价值观自信"。此后两年间，习近平总书记又多次论述文化自信，他指出："增强文化自觉和文化自信，是坚定道路自信、理论自信、制度自信的题中应有之义。"②"中国有坚定的道路自信、理论自信、制度自信，其本质是建立在 5000 多年文明传承基础上的文化自信。"③2016 年 5 月和 6 月，习近平总书记又连续两次强调了"文化自信"，指出"我们要坚定中国特色社会主义道路自信、理论自信、制度自信，说到底是要坚持文化自信"④；要引导党员特别是领导干部"坚定中国特色社会主义道路自信、理论自信、制度自信、文化自信"。习近平总书记指出"提高国家文化软实力，要努力展示中华文化独特魅力"，要"把跨越时空、超越国度、富有永恒魅力、具有当代价值的文化精神弘扬起来，

---

① 习近平：《在庆祝中国共产党成立 95 周年大会上的讲话》，北京：人民出版社，2016 年版，第 13 页。
② 习近平：《在文艺工作座谈会上的讲话》，载《人民日报》，2015 年 10 月 15 日。
③《习近平谈文化自信》，载《人民日报海外版》，2016 年 7 月 13 日。
④ 习近平：《在哲学社会科学工作座谈会上的讲话》，载《人民日报》，2016 年 5 月 19 日。

把继承传统优秀文化又弘扬时代精神、立足本国又面向世界的当代中国文化创新成果传播出去"①。

　　文化自信表达了一种对文化发展的理性认识和对当今文化研究做出的深刻反思，它要求对文化有自知之明，明白其发展过程和规律，以增强文化适应社会发展的能力，完成文化转型的历史任务，是人类对自身命运前途的理性认识和科学把握，反映了在经济全球化时代，世界各地多种文化接触所引起的人类心态的变化，具有重要的社会实践功能。也就是说，在实践中，文化自信作为主体的人对文化的理性态度和理性思维，表现为一种主动追求和自觉践行的担当精神，是对文化发展的深度领会与整体把握，可使文化主体自主自觉地推动文化转型。同时，在理论研究中，可使文化研究者形成对文化的理性思维和理性态度。因此，文化自信是文化理论自觉和文化实践自觉的有机统一。

　　在 2018 年 5 月召开的全国生态环境保护大会上，习近平总书记指出："中华民族向来尊重自然、热爱自然，绵延 5000 多年的中华文明孕育着丰富的生态文化。"②世界上许多有识之士都认为，中国优秀传统文化中蕴藏着解决当代人类难题的重要启示，其中也包括关于人和自然关系的理念和思想。习近平生态文明思想深深根植于中华文明丰富的生态智慧和文化土壤，

---

① 习近平：《习近平谈治国理政》第一卷，北京：外文出版社，2018 年版，第161 页。

② 习近平：《推动我国生态文明建设迈上新台阶》，载《求是》2019 年第 3 期，第 4～19 页。

蕴含了深邃的生态文化，提出要加快构建生态文明体系的生态文化体系，体现了高度的生态文化自觉。从文化发展的一般进程和规律来讲，文化都要经过由自在的文化到自觉的文化的转化过程。同样，生态文化也存在自在、自为的生态文化和自觉的生态文化两个发展阶段。自在、自为的生态文化是指以传统、习俗、经验、常识、天然情感等自在、自为的因素构成的人的自在、自为的存在方式或活动图式。而自觉的生态文化是指集中体现在科学、艺术、哲学等精神领域中以自觉的知识或自觉的思维方式为背景的人的自觉的存在方式或活动图式。自在、自为的生态文化主要来源于人在长期的生存实际中积淀起来的经验常识、道德戒律、风俗习惯、宗教礼仪，它是一种常态化、模式化的文化精神或者人类知识，它以群体的认同方式显现其力量所在。人的生存首先是一种自在、自为性生存，人总是在现有的常态性、常识性的自在、自为性文化氛围中确立自己的生存图式。

文化所具有的自在、自为性表明了文化对生存于其中的个体的生存方式具有强制性和给定性，它对规范个体、协调社会、延续传统具有重要作用。从某种意义上说，区别自在、自为的生态文化和自觉的生态文化，更多地依据文化的表现方式和作用机制。作为人的类本质对象化或人的本质活动的对象化，无论是自在、自为的生态文化还是自觉的生态文化，归根到底都是人在现实的生存活动中不断对象化的结果，都是人化的结果。然而，人在本质上就是不断超越已有的生存范式并不断追求完善的存在物。自在、自为的生态文化与人的自由自觉活动即人的创造性的、开放的生存方式是不相一致的。自觉的生态文化一方面不断打破自在、自为的生态文化对人的束缚和封闭，引领人不断寻求到更适合人的生存范式，不断超越已有文化模式，推进生态文化进步。另一方面，自觉的生态文化作为一定时期内人在实践中的自由创造和自由向往，对人所遇问题的阐释或者生存范式的超越就成为了必然趋势。

二、坚持弘扬人与自然和谐共生的生态伦理

在 2018 年 5 月召开的全国生态环境保护大会上，习近平总书记进一步明确了到 2035 年、到本世纪中叶的"美丽中国"建设蓝图：确保到 2035 年，生态环境质量实现根本好转，美丽中国目标基本实现；到本世纪中叶，物质文明、政治文明、精神文明、社会文明、生态文明全面提升，绿色发展方式和生活方式全面形成，人与自然和谐共生，生态环境领域国家治理体系和治理能力现代化全面实现，建成美丽中国。

尊重自然、爱护自然，并不是说人类不能开发自然、利用自然。人的生存和发展都需要以自然的物质资源为前提。虽然人类发展会破坏自然生态的天然平衡，但是人类的活动具有创造性，这种创造性的活动加入生态系统，不仅能从人自身需要出发改造自然，而且还能从人与自然的最佳关系的理念出发，使必然地被破坏了的天然生态平衡向更加合理的平衡即内在有机的平衡进化。《老子》第二十五章说："人法地，地法天，天

法道，道法自然。"把自然法则看成宇宙万物和人类世界的最高法则。合理的开发和利用就是以不破坏生态系统的内在平衡为前提，即确保人类对自然资源的开发控制在自然生态系统的承受能力范围内。人类活动对自然的压迫和损害控制在自然生态系统的自身调节、自身净化的限度内，使人类的经济发展建立在生态平衡的基础上，社会进步建立在人与自然的和谐共生上。习近平总书记在2019年中国北京世界园艺博览会开幕式的讲话中指出："我们应该追求人与自然和谐。山峦层林尽染，平原蓝绿交融，城乡鸟语花香。这样的自然美景，既带给人们美的享受，也是人类走向未来的依托。无序开发、粗暴掠夺，人类定会遭到大自然的无情报复；合理利用、友好保护，人类必将获得大自然的慷慨回报。我们要维持地球生态整体平衡，让子孙后代既能享有丰富的物质财富，又能遥望星空、看见青山、闻到花香。"他多次强调，坚持人与自然和谐共生，坚持节约优先、保护优先、自然恢复为主的方针，要像保护眼睛一样保护生态环境，像对待生命一样对待生态环境，让自然生态美景永驻人间，还自然以宁静、和谐、美丽。

生态文明视域下，生态文明的认知与实践逻辑要求从实体中心论的思维范式（即或人类或自然是中心）走向关系动力论的思维范式，即认为人与生态的关系经历了从"以自然为中心"到"以人为中心"两个发展阶段后，正开始进入"人与生态和谐共生"的第三个阶段。这种和谐共生的动力逻辑的核心是人类与自然万物同源共祖，人类与自然万物是亲密的共同体，人类与自然都不是世界的中心，真正的中心是一种超越和凌驾于人类和自然之上的"关系动力"，其具体化是以生态信仰为中心，将人类和自然界共同视为一个在地球生物圈中不可分割的关系动力体。在这种关系动力体的构建中，生态伦理是其体系构建的不可代替的核心内容。因为，伦理精神是人类文明的基本特征，是人类文化的思想灵魂，是人类文明的核心宗旨。生态伦理是生态文明社会的思想基础，没有生态伦理的生态文明是不存在的，也是没有意义的，就当今生存和生活的主体来看，就生存理性的价值逻辑而言，"生态伦理"话题是对"与天斗、与地斗"思想偏差的纠正，赋予"人本信仰"以无穷的生命力，有其独有的价值观，是生态文明自觉的核心。

著名法国学者克洛德·阿莱格尔认为："人类自从在非洲森林旁边出现以来就为了生存而与自然搏斗。人类从大自然中盗取了火，挖走了金属，人类改造了它的土壤、污染了它的大气。现在人类必须明白，开采的时代结束了，展现出来的是管理与保护的时代。对抗的年代过去了，展现出来的是和睦的年代。"[1]也就是说，人类反哺自然的新时代已经到来。对当代中国发展模式的寻求有力地推进了我国生态文化的发展，这也需要人们思维方式的变革、道德观念的变化和科学生活方式的养成。从底层文化基础保障上来看，需要深度培育和践行生态信仰文化。其中，生态发展的伦理诉求也即生态伦理诉求是关键精神动力

---

[1] 克洛德·阿莱格尔：《城市生态，乡村生态》，北京：商务印书馆，2003 年版，第163 页。

因素。无疑，我国的生态文化发展之路探索要深入揭示生态文化的生态伦理诉求。

正如科布所说："尽管当今人类面临着许许多多的问题，但我相信，最根本的是必须处理好经济学和生态学之间的张力。在过去的半个世纪，人们的注意力完全集中到了经济学上，人们论证的一直是如何增加生产、交换、消费和服务。"①而且，从整个世界来说，从绝对数字看，世界上挨饿的人比以往任何时候都要多，且人数还在继续增加。同样，文盲的数量、无安全饮用水和像样房屋的人，以及没有足够柴火用于做饭和取暖的人也在增加。在所居住的这个星球上，"每年有600万公顷具有生产力的旱地变成无用的沙漠，有1100多公顷的森林遭到破坏"，地球已经不堪重负。现代社会已经是一个风险社会，是人自身造就的全面问题社会。所以，人与自然的矛盾到了无以复加的程度，已经成了发展问题的主要矛盾。人与自然协调发展，突出人的环境保护的道德责任已经成为人类走出发展困境的唯一选择。因为人类作为一种生物物种来说是属于自然界的，是自然物的一个特殊形态，是自然的多样性、丰富性的一个例证。人类的生命活动与地球生态系统的生命活动息息相关，自然界的持续发展是人类社会存在和发展的必要条件。人类的生产劳动和文明进步所需要的资源也离不开自然界，没有自然的长期

---

① 小约翰·B.科布：《走出经济学和生态学对立之深谷》，马李芳译//王治河、薛晓源：《全球化与后现代性》，桂林：广西师范大学出版社，2003年版，第112页、第117页。

演化以及在此基础上形成的必要条件，人类社会便无法生存和发展。同时，人类的活动以直接的或间接的方式影响着地球的生态系统，人类生态文化发展构成了整个自然进化的一个组成部分。人类的历史是自然史的一部分，或者说，是人类参与自然的进化过程。正如布克钦所指出："以一种发展的、系统的、辩证的方式统观，不难确定和解释社会脱胎于生物世界，第二自然脱胎于第一自然。"他强调："第二自然远非人类潜能实现的标志，它为矛盾、对抗以及扭曲人类独特发展能力的利益冲突所累。它既包含着损毁生物圈的危险，也包含着一种全新的生态分配能力，这种能力是人类进一步向生态社会迈进所必需的。"[①]

"人与自然和谐共生"的认识是对客观存在的生物与生态环境关系的规律性和协同进化这一生态共同体的一般规律的正确反映，是基于生态规律的概括，它的要求和人与自然协同进化伦理本质上是统一的。人与自然协同进化是人类仿效生物与自然协同进化的规律而概括出来的生存智慧，它指导正确地定位人与自然和谐的伦理关系。统筹人与自然的和谐发展不仅是"可持续发展"的根本性问题，同时，也是中华传统生态文化的重要内容。董仲舒说："天人之际，合而为一。"季羡林先生对此解释为：天，就是大自然；人，就是人类；合，就是互相理解，结成友谊。在儒家看来，"人在天地之间，与万物同流"[②]，"天

---

① Murray Bookchin："What is Soical ecology？"// Michael E.Zimmerman：Environmental Philosophy，Prentic Hall，Inc.，1993，p..359-361.
② （宋）程颢，程颐：《二程集》，王孝鱼点校，北京：中华书局，1981年版，第30页。

人无间断"。也就是说，人与万物一起生灭不已、协同进化。人不是游离于自然之外的，更不是凌驾于自然之上的，人就生活在自然之中。程颐说："人之在天地，如鱼在水，不知有水，只待出水，方知动不得。"即根本不能设想人游离于自然之外，或超越于自然之上。"天人合一"追求的是人与人之间、人与自然之间共同生存、和谐统一。统筹人与自然和谐发展的实质在于人口适度增长、资源的永续利用和保持良好的生态环境，人、社会与自然之间以及社会内部各要素之间和谐发展。其中，人与自然的和谐贯穿生态文化发展的全过程中，它要落实到每一代人的生态文化发展全部实践过程中。它的伦理意义是把人类道德关怀扩展到自然范畴，调整人与自然的关系，将传统的征服自然转变为与自然和谐相处，因而是生态文化发展的伦理诉求的精华部分。

三、以生态价值自觉导向构建生态文化体系

人生是有限的，很多的道理超越普通人的感知能力，难以用语言或理性在人类整体知识积累不够的情况下讲出来，所以，人类信仰某些东西，作为"活着"的价值设定。生态价值作为人存续和生存需求的满足，是人与人关系的纽带，既有人作为存在而在伦理上所体现出的自在、自为性一面，又有人作为社会性存在而在伦理上呈现超越性的一面。人作为"种"的存续发展是人所面临的根本问题，追求更好的生存应该是人的最高利益。《孟子·尽心上》曰"亲亲而仁民，仁民而爱物"，就是

说，不仅要爱护自己的同胞，而且要扩展到爱护各类动物、植物等自然生命。尊重自然的理念强调了人类应当担负保护自然界以及其他生物的道德责任和义务，尊重与爱护大自然，以仁慈之德包容与善待宇宙万物，体现出对生态价值利益关系的独特思考和生态智慧。"万物各得其和以生，各得其养以成。"尊重自然、追求人与自然的和谐是中华传统文化的重要价值取向。

在生态文明视域下，如果发展缺少了"生态价值"的维度，必定是残缺不全的，是非完型意义的、浅表层面的发展。生态价值作为世界观和价值观的要素，是生态文化的实践自觉的方向和动力。在生态与信仰文化价值的互动过程中，在生态文化价值话语创新与转换中，它以自身的特点孕育和改变着生态文化价值，理应成为一种高层次、高境界、合理形态的生态文化体系构建范式。这就昭示着以生态价值为价值导向构建生态文化体系的必然性，从而构成了现代人生存方式即构建生态文化体系的现实动力。

以生态价值理念导向构建生态文化体系要求我们在生产生活方式上融入生态思维和生态理念，并在生存意义上确立生态价值观。这是建基于对工业伦理的非生态性的反思，是一种生态信仰自觉，是人为了追求更为完善和全面的发展而产生的人化需求与利益驱动所致。在作用路径上，它要实现信仰文化自在、自为的自觉化，以信仰文化自觉的反思品格与愿景建构引领生态伦理发展，从而使伦理不断融入生态思维和生态内容。如有学者所言，生态文化意识强调了在当下人类生存的观念行为中强化对生态性存在的信仰，以确立人们能够坚定不移地对自己的生存活动进行生态性转换。生态性信仰意识内蕴着对生命整体性和多样性的祈求与认同，在现实层面上表现为人们戒除欲望和功利，以求精神、灵魂的宁静与平衡。在未来性层面上，表现为在精神审美的快乐体验中祈望那种自由和谐的生命境界。①在某种意义上，它是让人从自发走向自觉、从非理性走向理性的人生教育，是通过关爱人的生态成长、激发生态价值从而惠及社会良性发展。

生态价值由于社会环境、教育价值导向、内容与方法等方面存在的制约因素而存在一定程度上的价值失效，影响了生态文明的针对性与实现。生态文化体系只有具有较强的包容性时才能提高在新时代下的存在和对社会主体的吸引力、认知与实践的支撑能力、知识贡献能力和学习服务能力。生态价值的实现与失效辩证意味着在这个过程中价值观和生活态度的距离影响着社会主体的现实的和长远的、隐性的生态意识形成，还代表一种特殊的关于世界的观点，培植着一种信仰文化和生活哲学，直接关系其中人的性格、精神、意识、思想、言语和气质。一方面，表现为信仰自觉不断地从以往的自在、自为伦理中寻求生态资源；另一方面，则表现为信仰的自在、自为不断地转化为自觉。这无论对一个社会、一个国家，还是对一个个体而言，都一定是一个整体过程，应以生态价值的认知与实践为宗

---

① 盖光：《论主客体的生态性结构》，载《东岳论丛》2005 年第 6 期，第 162～165 页。

旨，以和谐、友好、共赢的关系来建构人的生存方式，改变人与人、人与生态的对立状况，使主体从一种自我的、利己的、单向的满足，向和谐、完善的多向度发展转型与升级。这种意义上的信仰的获得，一定是以作为整体的社会生态环境的不断改善为直接前提。

沿着文化自觉的理路，生态价值自觉导向要求自觉把握生态文化在生态文明建设中的功能。其实，要实现人与自然的和谐共生，就要对生态文明的核心——生态文化的作用有着清楚理性的认识。积极主动地在社会实践中推进生态文化发展，使生态文化成为生态文明新时代的主流信仰文化。这就需要对生态文化的优缺点以及如何在理论上建设生态文化有着科学理性的认识，以达到对生态文化的理论自觉，这是生态文化价值自觉的核心。没有功能认识上的自觉，就很难在社会实践中践行生态文化。生态文化作为一种新的文化类型，要达到对其一定程度的自觉，要求人们对生态文化自觉进行文化价值选择，要求人们自觉地把生态文化价值建立在理性的基础上。理性是人所具有的有目的、有意识、自觉的主观认知活动，是人们认识事物本质和规律的逻辑思维能力。理性态度是使文化变革健康发展的一个前提。因此，生态文化价值自觉表现为社会主体的文化价值选择和建构过程中的一种理性取向。所以，社会主体生态文化理性自觉、对文化采取的理性态度决定着生态文明建设的方向和前途。

四、以深刻的生态信仰文化守护绿水青山

习近平总书记提出，新时代推进生态文明建设，坚持"六项原则"是根本遵循。"六项原则"明确了人与自然和谐共生的基本方针，绿水青山就是金山银山的发展理念，良好生态环境是最普惠的民生福祉的宗旨精神，山水林田湖草是生命共同体的系统思想，用最严格制度最严密法治保护生态环境的坚定决心以及共谋全球生态文明建设的大国担当。这些重要论断从理论高度为生态文明建设和"五位一体"奠定的理论基础和思想基础，构成一个紧密联系、有机统一的思想体系，深刻揭示了经济发展和生态环境保护的关系，深化了对经济社会发展规律和自然生态规律的认识，为我们坚定不移走生产发展、生活富裕、生态良好的文明发展道路指明了方向，体现了人作为发展主体的深刻的生态信仰文化自觉，表达的是现代化对生产、生活方式的新的生态觉悟和信仰自觉。

人类是万物之灵，人类的自由意志和精神信仰是人类文明发展的源动力和凝聚力，也是人类伦理道德的出发点和归结点（制高点），是人类区别于动物的特征，否则就会失去人的尊严和品格（人格）。守护绿水青山，从主观上就是把生态文明理念作为一个崇高的发展境界。要发挥人的主观能动性，就是要确立起崇尚自然的生态信仰关系。老子曾说过："祸莫大于不知

足，咎莫大于欲得。"①贪婪的人的欲望总是无限的，在追逐欲望的同时，又不断地产生出新的欲望，最终掉入欲望的深渊。即便这些欲望都得到了满足，势必会有更高的欲望，永远没有终点。一个民族的生命力，不仅仅需要 GDP，更需要合理的信仰的支撑。

生态信仰文化是"绿色信仰"与"红色信仰"相统一的"整体信仰"。没有摄入灵魂的信仰文化和没有生态信仰文化的生态保护都是无效的。生态信仰文化是信仰文化、生态文化研究与文化自觉理论的结合，是生态信仰文化与文化研究中的一个新范畴，是文化自觉论在生态信仰文化与文化研究领域的运用和发展，由文化自觉的概念延伸而来。老子还认为，自然法则不可违，人道必须顺应天道，人只能"效天法地"，将天之法则转化为人之准则。王弼注曰："法谓法则也。人不违地，乃得安全，法地也。地不违天，乃得全载，法天也。天不违道，乃得全覆，法道也。道不违自然，乃得其性，法自然也。法自然者，在方法方，在圆法圆，于自然无违也。"他告诫人们不妄为、不强为、不乱为，顺其自然，因势利导地处理好人与自然的关系。因此，生态信仰文化价值自觉是人们对生态信仰文化与文化的发展过程、性质功能、科学价值、未来发展的理性认识和科学把握，以此为基础形成主体的文化信念和准则，人们自觉地意识到这种信念和准则，积极主动地付诸实践，在文化上表现出一种自

---

① 老子：《道德经》第四十六章。

觉践行和主动追求的理性态度。

从人类学、文化与信仰意义上看，生态信仰文化是人本性之所在，无论在时间上还是在空间上都具有普遍性，它是在人与生态的各种关系中融入和谐共生的理念，把尊重生命、尊重规律、可持续发展、环境保护等融入发展视域，是现代人的终极关怀、基础性生产尺度和生活信仰。如果对信仰作一个最宏观、最横断的分类，可分为人本信仰与生态信仰。前者是信仰的"上层建筑"，后者是信仰的"经济基础"。在信仰文化的"光谱"中，它们各司其职，其要素水平和耦合方式决定生态信仰文化程度。如果发展缺少"生态"的维度，必定是残缺不全的，是非完型意义、浅表层面的信仰。唯有生态信仰普遍化于动态的、开放的文明发展结构中，并在现实中存在和延续下去，才算是在生态文明光照下，按照关系动力渗透的方式，遵循整体主义的逻辑，进行"制度变革"，放弃局部主义和个体主义，构筑生态发展的生命共同关系动力体。

五、"以人民为中心"的生态权利要求

习近平总书记指出，良好生态环境是最公平的公共产品，是最普惠的民生福祉。要坚持生态惠民、生态利民、生态为民，重点解决损害群众健康的突出环境问题，不断满足人民日益增长的优美生态环境需要。习近平总书记提出的生态建设目标与人民群众紧密相关：蓝天白云、繁星闪烁，清水绿岸、鱼翔浅底，吃得放心、住得安心，鸟语花香田园风光……习近平总书记特别

指出，生态环境是关系党的使命宗旨的重大政治问题，也是关系民生的重大社会问题。着力守护良好生态环境这个"最普惠的民生福祉"是习近平生态文明思想的重要宗旨，是生态文明建设的"本质论"，体现出深厚的"以人民为中心"的生态权利要求。

"最普惠"的民生观与"绿水青山就是金山银山"的绿色发展理念深刻体现了社会主义的本质要求，彰显了以人民为中心的发展思想，明确了生态文明建设的目的，丰富和发展了马克思主义对人类文明发展规律、自然规律、经济规律的认识论。正如有学者认为的，把生态环境提升到关系党的使命宗旨这样的政治高度，说明生态文明建设在社会主义建设事业中的地位发生了根本性和历史性的变化，还表明中国共产党的执政理念和执政方式已经进入新的理论和实践境界。①

在全面建成小康社会的进程中，习近平总书记始终强调"小康全不全面，生态环境质量是关键"。2016 年 1 月，习近平总书记在省部级主要领导干部学习贯彻党的十八届五中全会精神专题研讨班上指出："生态环境没有替代品，用之不觉，失之难存。我讲过，环境就是民生，青山就是美丽，蓝天也是幸福，绿水青山就是金山银山。"在 2018 年 4 月 2 日中央财经委员会第一次会议上，他指出："环境问题是全社会关注的焦点，也是全面建成小康社会能否得到人民认可的一个关键，要坚决打好

---

① 《事关全局！习近平总书记详解这一"根本大计"》，http：//www.sohu.com/a/232645010_118392。

打胜这场攻坚战。"

我国社会主要矛盾已经转化为人民日益增长的美好生活需要和不平衡不充分的发展之间的矛盾。生态产品短缺已经成为影响全面建成小康社会的短板。大力推进生态文明建设就是着眼新时代社会主要矛盾变化，不断满足人民日益增长的美好生活需要，为人民群众提供更多优质生态产品。

随着人类实践的深化和新的需求的增长，人与自然关系的新矛盾又促使人类总结经验，发展生产和科技，对自然进行再认识和改造，如此由低级到高级的辩证发展过程，创造出人与自然和谐的统一关系，实现着人类向自由主体性地位的进化。因此，面对新的人类实践出现的新矛盾，弘扬生态文化的必然性要求以人、自然、社会的协调发展为基本内容，在人、自然、社会三者的关系中，坚持"以人民为中心"的基本内核。从人类生态学或社会生态学的意义上讲，人的生态权利来自或衍生于人的生存权利，公民不仅拥有生存的权利，而且其生存环境也同时应该不断地得到保护和优化。如果人的生存环境得不到保护，那么人的生存权利就会成为一句空话。这就是说，生存权利本身就先天地包含着生态权利的内容。

马克思主义所讲的人是社会的人。在《1844 年经济学哲学手稿》中，马克思认为："自然界的人的本质只有对社会的人来说才是人与人联系的纽带，才是他为别人的存在和别人为他的存在，才是人的现实的生活要素。只有在社会中，自然界才是人自己存在的基础。只有在社会中，人的自然的存在对他说来才是他的人的存在，而自然界对他说来才成为人。因此，社会是人同自然界的完成了的本质的统一。"①他又指出："人是全部人类活动和全部人类关系的本质、基础……历史什么事情也没有做，它并不拥有任何无限的丰富性，历史并没有在任何战斗中作战！创造这一切并为这一切而斗争的，不是'历史'，而正是人，现实的活生生的人。'历史'并不是把人当做自己目的工具来利用的某种特殊人格。历史不过是追求着自己目的人的活动而已。"②应该说，讲"人"应该注重质的规定，简单地说"人"是量上占大多数人的，排斥少部分人及其利益，是机械的思维，应该具体在实践中去限定。从马克思主义唯物史观来看，马克思主义讲"人"，这个"人"在本质上强调的是除了资产阶级所讲的超越历史、超越阶级、超越各种社会关系、超越现实的抽象的人外，更是指社会关系的总和，与物质实践活动联系在一起的具体的"人"。物质实践活动是人的存在方式，这样，这个"人"就是现实的，是实实在在的。这个"人"同样也是带有阶级性质的人，因为在有阶级、阶层的社会中生活的每个人都会带有阶级、阶层的烙印，这是把人看成具体的人在阶级社会中的一种必然的反映。

目前，不同的法律对生态权利的表达不同。例如，美国伊利诺伊州宪法规定"每个人都享有对有利健康的环境的权利"；秘鲁政治宪法规定"公民……有生活在一个健康、生态平衡、

① 马克思：《1844年经济学哲学手稿》，北京：人民出版社，2000年版，第83页。
② 《马克思恩格斯全集》第二卷，北京：人民出版社，1957年版，第118～119页。

生命繁衍的环境的权利”；法国环境宪章规定“人人都有在平衡和健康的环境中生活的权利”；俄罗斯联邦宪法则对生态权利作了明确规定，属于宪法性的“人和公民的生态权利”主要有享受良好环境的权利，获得关于环境状况的可靠信息的权利，要求赔偿因生态破坏所导致的公民健康损害和财产的权利，土地和其他自然资源的私人所有权。目前，中国法律尚未对“生态权利”进行明确释义，而学术界对生态权利的定义尚存在分歧，尤其是关于生态权利主体的定位。李建华、肖毅认为生态权利的主体是自然界中一切生物，“自然界中一切生物一旦存在，便有按照生态学规律继续存在下去并受人类尊重的权利”。有观点认为，生态权利应作为一种基本的人权来理解和对待，只有“人”才是生态权利的主体，自由、平等、充分地享有环境，获得良好生态感受和生态体验是人的基本权利。应该说，这种观点既有合理性，又有狭隘的人类中心主义的取向。当然，认为所谓生态权利就是保护原生态，就是保护和尊重自然的原始状态，从而用一种自然生态学理论来反对社会的和人类学意义上的生态学理论，这种观点的主要错误是反对人类的文明化和现代化过程。按照这种观点，只有生物学意义上的生态权利，而不存在人类或社会学意义上的生态权利。权利因人类生存发展而存在，人类因生态发展、有序平衡而存在。生态发展的权利本质是人类的生态存在和发展权，因此，生态权利的核心就是为了人类的发展与进步保护自然资源，换句话说，“以人民为中心”是生态权利的核心，人类对自然生态系统给予道德关怀，从根本上说也是对人类自身的道德关怀。

第二节　生态文化重要论述在江西的生动实践

习近平总书记指出，绿色生态是江西最大财富、最大优势、最大品牌，希望江西主动适应经济发展新常态，向改革开放要动力，向创新创业要活力，向特色优势要竞争力，一定要保护好，做好治山理水、显山露水的文章，走出一条经济发展和生态文明水平提高相辅相成、相得益彰的路子，打造美丽中国"江西样板"，奋力夺取全面建成小康社会决胜阶段新胜利。[①]江西坚持以人民为中心的绿色发展思想，深入推进国家生态文明试验区建设，厚植生态优势，把绿色发展理念贯穿经济社会发展全过程，发挥文化资源优势，加快建设文化强省，坚定文化自信，繁荣文化事业，发展文化产业，推动赣鄱文化"走出去"，扩大海内外文化交流合作，大力推进生态文化发展，做活山水文章，促进经济与生态协调发展、人与自然和谐相处，着力打造美丽中国"江西样板"，提升了赣鄱文化发展影响力。江西大力推进生态文化建设的实践探索表明，学习贯彻习近平新时代中国特色社会主义思想必须坚持从生态文化实际出发，因地制宜，顺势而为、久久为功，牢固树立"以人民为中心"的工作

---

① 《中共中央办公厅　国务院办公厅印发〈国家生态文明试验区（江西）实施方案〉和〈国家生态文明试验区（贵州）实施方案〉》，http://www.gov.cn/xinwen/2017-10/02/content_5229318.htm.

导向，实现"从群众中来，到群众中去"的不断提升，发挥生态文化的发展功能，实现永续发展。

一、始终坚持保护为先，让生态文化永续相传

习近平总书记在党的十九大报告中指出，"人与自然是生命共同体"。①江西是中国最绿的省份之一。习近平总书记在视察江西时夸赞江西青山绿水。赣鄱文化是中华文化百花园里一朵璀璨的奇葩，有着深厚的生态文化底蕴。千百年来，生活在这片红土地上的赣鄱儿女，坚守天人合一、道法自然的古朴与执着，与山川和谐相处，与万物共荣共生。无疑，江西文化特质的生态性所内蕴的协调天人关系的高超智慧和成功经验，对生态环境日益恶化的现代社会具有诸多启迪，是现代生态文明建构的重要精神资源与支撑。如客家传统文化就具有丰富深刻的生态伦理内涵，它是生态伦理现代建构十分重要的精神资源。在婺源，历史上的"杀猪封山""生子植树""刀斧不入"等生态理念深入人心。在贵溪市樟坪畲族乡，把保护好自己的绿色家园看得跟生命一样重要，在樟坪境内，一是路旁的树，二是水里的鱼，三是阳标峰生态自然保护区，这三种东西不能碰的规则妇孺皆知。

江西省委、省政府清醒地意识到要将丰富的生态资源与厚重的赣鄱文化有机结合，凝聚力量来弘扬具有鲜明地域特色的

---

① 习近平：《决胜全面建成小康社会　夺取新时代中国特色社会主义伟大胜利》，北京：人民出版社，2017 年版。

"四色"文化，即"杜鹃红""青花蓝""香樟绿""马蹄金"。[①]保护、传承文化遗产就是守护民族和国家过去的辉煌、今天的资源、未来的希望。《江西文化蓝皮书——江西非物质文化遗产发展报告（2016）》对近十年尤其是"十二五"时期江西非物质文化遗产保护工作进行了系统梳理，总结了江西取得的巨大成绩：在阶段整体性保护、生产性保护等方面取得了突出成就，走在全国前列。非遗保护法律体系逐步建立、非遗保护名录体系日趋规范、非遗保护社会参与形式多样、非遗传承人主体地位逐步明晰、非遗保护资金支持力度加大、非遗保护工作"双效"日益明显。[②]

绿色发展，保护先行；生态为本，文化添色。厚重的文化遗存、宝贵的自然资源，是历史的，是当代的，更是子孙的。要始终坚持保护为先，任何改造提升都要尊重文化、尊重自然，让历史胜迹永续相传，让绿水青山永续发展。

"景德镇市有文化、有历史、有故事，是一座可以与世界对话的城市。"背街小巷里有历史、有故事的庭院很多。2017年2月，一场城区背街小巷整治改造攻坚战在全市打响。既要充分展示历史文化内涵，也要展示瓷都原有的里弄肌理，更要提炼街巷文化，将里弄文化与中华传统文化、社会主义核心价值观、陶瓷文化等结合，整体提升小巷品质，凸显瓷都特色。让陶瓷

① 刘奇：《深化交流合作　赣港两地共享发展红利》，http://news.jxntv.cn/2018/0517/8886229.shtml.
② 张圣才、傅安平：《江西文化蓝皮书——江西非物质文化遗产发展报告（2016）》，北京：社会科学文献出版社，2016年版。

文脉在里弄有机延续下去。乐平市塔前镇上徐村，不仅历史文化悠久，而且名人辈出，元代已形成村落，古迹文化遗存十分丰富，非物质文化遗产异彩纷呈、传承至今，这些古村古韵即是历史的积淀。近年来，塔前镇根据自身的特点，对该村的文化保护进行统一规划。

近年来，江西大力建设婺源·徽州文化生态保护实验区、客家文化（赣南）生态保护实验区、景德镇陶瓷文化生态保护实验区。吉安以丰富的自然景观和浓厚的文化底蕴为依托，坚持高度的文化自信与自觉，用优良的传统文化传承生态文明，大力推进庐陵文化生态保护试验区建设，启动庐陵历史文化古街区保护工程，加快庐陵人文谷建设，推动儒林里特色古街完工，使吉安城更有城市肌理和文化记忆。南昌在城市建设中，用"旧城复兴"的理念指导万寿宫历史文化街区改造和其他旧城改造，实现南昌八一起义"一馆五旧址"等重点文物的保护维修，全方位谋划海昏侯国遗址开发，打造大遗址建设的"江西样本"。

文化保护传承必须遵循文化遗产、自然遗产和非物质文化遗产的不同生长规律。江西加强遗产资源深度挖掘，坚持"在提高中保护、善待传承人就是保护项目、让非遗走进现代生活、见人见物见生活的生态保护"四大理念，大力提升非物质文化遗产保护科学利用能力，持续推进古城、古镇、历史街区、古村落保护，颁布《江西省传统村落保护条例》《江西省古树名木保护条例》，制定《江西省非物质文化遗产条例》等，重点关照遗产依附的人文环境、自然环境和资源等，做好文化空间的整体性传承保护，发挥各自优势，激发潜能活力，促进了遗产保护工作更好地服务于生态文化发展；体现了新时代精神对文化生成的引领和促进，体现了文化生成的内在和外在规律，让普通百姓都能从中得到收获，让生态文化永续相传。

二、实现生态文化资源创造性开发，推动文化产业大发展

西汉海昏侯国遗址重大考古发现惊艳了世界，其中出土的大量西汉时期马蹄金等金器、竹简，展示了一个历史悠久、人文底蕴深厚的金色江西。根植于优秀传统生态文化的沃土，重在挖掘"江西生态文化元素""江西生态文化故事"，推动了生态文化资源创造性转化和创新性发展。

《中华人民共和国国民经济和社会发展第十三个五年规划纲要》明确提出"以提高发展质量和效益为中心，以供给侧结构性改革为主线，扩大有效供给，满足有效需求，加快形成引领经济发展新常态的体制机制和发展方式"，这为各行各业转型发展指明了方向。江西省文化体制改革专项小组第六次会议提出，把思想和行动统一到习近平总书记关于文化改革发展的重要讲话精神上来，建立健全新型国有文化资产监督管理体制、组建 3 个省属文化企业集团、构建文化企业实现"两个效益"相统一的体制机制、加快推动新闻媒体管理运营机制创新、探索建立促进标准化均等化发展的公共文化服务体制机制、推动

文化产业成为国民经济支柱性产业。《江西省文化产业发展"十三五"规划》提出，2020年，全省文化产业主营业务收入将超过5000亿元。全省文化产业增加值实现1500亿元，占全省GDP比重达5%以上。力争上市文化企业达40家以上，形成50家主营业务收入过10亿元、10家过50亿元的骨干文化企业，打造5家以上年经营收入过100亿元的"赣"字号文化企业。

从经济转型发展，提高规模化、集约化、专业化水平，不断提高人民群众幸福境界的高度推动生态文化产业做大做强，持续推进重点生态文化产业基地建设，如赣州红色影视基地、广丰木雕产业基地、宜春农耕健身产业基地、景德镇陶瓷文化基地、鹰潭雕刻产业基地。持续大力开展重点生态文化产业园区建设，如江西樟树林文化生活公园、江西南昌791艺术街区、宋城壹号文化创意产业园、黎川油画创意产业园、新余抱石文化创意产业园、陶溪川国际陶瓷文化产业园、余江县雕刻文化创意产业园等。抚州打造"戏都"，设立汤显祖戏剧奖，激发人民群众的生态文化艺术创作热情，打造大戏——原著·2016版赣剧《邯郸记》，创作《寻梦牡丹亭》，让临川戏剧文化得以更好地延续与传承。如今汤翁故里已经不仅仅是一个带着古老岁月印痕的地域名称，还是一个承载着多元文化因素的、积淀着深厚文化底蕴的象征符号，是一个蕴含着神秘美学意味的灵感源泉，是一个充满着神奇想象的空间，已然构筑了一个艺术化的文化抚州、一个美学的抚州文化，成为历史文化资源转化为现实文化的典型。

　　根据江西省文化强省推进大会发布的《2019 江西文化产业发展报告》，江西省文化产业以建设文化强省为目标，以文化产业供给侧结构性改革为主线，着力做大规模总量，着力发展新兴业态，着力打造龙头企业，着力构建现代文化产业体系和市场体系，以推动文化产业成为江西高质量跨越式发展的重要引擎。近年来，在文化强省战略推动下，江西省文化企业快速增加，产业规模不断扩大，文化企业已逾 2.9 万家。全省文化产业社会效益和经济效益逐步提高，主营业务收入从 2012 年的 1460.25 亿元增加到 2017 年的 2598.28 亿元，年均增长 12.22%；全省文化企业法人数由 2014 年的 12033 个增加到 2017 年的 29253 个，年均增长 34.46%。今后江西省将以区域资源为依托，推动南昌综合文化产业引领区、赣州特色文化产业聚集区、景德镇陶瓷文化传承创新试验区协同发展，红色文化产业板块、生态文化旅游产业板块、传统文化传承创新产业板块、数字文化产业板块、内容文化产业板块互为支撑，构建特色鲜明、重点突出、各显优势的"三区五板块"文化产业高质量发展新格局。[①]

　　在江西共青城市举行的"2019 文创中国峰会"上，百余位来自全国各地的专家学者、行业代表及企业大咖以"文创新经济　发展新势能"为主题，围绕中国文化创意产业发展现状、解决路径以及未来趋势贡献"智库"力量。他们一致强调要加

[①]《建设文化强省赣劲十足》，载《江南都市报》，2019 年 5 月 10 日，http://jndsb.jxnews.com.cn/system/2019/05/10/017489886.shtml.

强文化和旅游的有机融合，大力发展生态文化旅游产业。没有文化的旅游是浅显的、空洞的旅游，没有旅游的文化是难以创造完整价值链的文化。要从深度和广度上促进文化旅游融合，实现文化旅游产业的良性互动、共赢发展。近年来，江西以"文化+城市""文化+商贸""文化+科技""文化+金融"深度融合拓展生态旅游文化之路。如龙南以融合发展为方向，打造"客家、生态、乡村、养生"四大旅游品牌，走出了一条生态文化旅游发展新路。抚州推进以汤显祖、莎士比亚、塞万提斯为主题的"三翁"花园、三江口湿地公园、《寻梦牡丹亭》、文昌里历史文化街区等重要旅游项目，并使之与原有的梦湖、名人园、拟岘台、凤岗河湿地公园等景观串联成线，成为推动抚州旅游产业发展的精品线路。九江市紧扣"庐山天下悠"的总品牌，通过改革创新、转型升级，做足山水文章，推进全域旅游，打造"一心两圈两带三区"的大九江旅游空间格局。近年来，江西着力打造一批具有影响力的生态旅游示范区。2018 年，赣州龙南虔心小镇、吉安安福武功山、上饶广丰铜钹山、上饶德兴大茅山、赣州瑞金罗汉岩、萍乡杨岐山、赣州崇义阳明山、赣州安远三百山、抚州源野山庄、九江武宁县阳光照耀 29 度假区等被评为"省级生态旅游示范区"。

今天，江西利用"红色摇篮、绿色家园、古色文化"旅游文化概念，把"红色旅游"与"绿色旅游""古色旅游"紧密结合，合理规划旅游景点，形成了一系列"唯我独有"的精品旅游线路。庐山、三清山、井冈山等名山大川和鄱阳湖、柘林湖、仙女湖等淡水湖泊为江西的自然观光旅游增添了亮彩。"江西风景独好"的旅游整体形象品牌和宣传口号曾获评"年度影响世界的中国文化旅游口号"，已成为江西旅游一笔巨大的无形资产。努力实现在全国排位前移，力争进入全国旅游第一方阵，把旅游业培育成为江西省国民经济的重要支柱产业。

江西以生态旅游为主导的生态文化保护与开发把新时代生态文明的文化理想、审美诉求融入赣鄱文化能量释放、文化资源积累、形式和载体创新，给予了赣鄱文化新的形象和意义，实现了赣鄱文化的延续发展。江西生态旅游文化已经成为人们认识、了解、体验江西文化的重要中介之一，也是向世界推介赣鄱文化的重要方式之一，生态旅游中的赣鄱文化形象无疑成了赣鄱文化的保护与开发的重要组成部分。

随着国家生态文明试验区建设的全面实施、先行先试，坚持生态文化保护与开发利用并举，增强文化创造活力，更加充分发挥江西历史文化底蕴深厚优势，更加充分地保护利用好江西生态文化发展的有利条件，始终坚持新时代和民族精神熔铸创新文化，以新发展理念的目标要求，让一切文化创造源泉充分涌流，使生态文化保护与开发具有强大的价值引导力、文化凝聚力、精神推动力，实现文化资源向文化品牌的创造性转化和创新性发展，推动江西生态文化发展更高水平的全面繁荣，进一步推动文化建设与经济建设、政治建设、社会建设、生态文明建设协调发展。

三、凝聚人民力量，推进生态文化建设共建共享

全社会共同建设美丽中国的全民行动观是习近平生态文明思想的重要内容。正如习近平总书记在 2019 年中国北京世界园艺博览会开幕式上所说："要倡导环保意识、生态意识，构建全社会共同参与的环境治理体系，让生态环保思想成为社会生活中的主流文化。要倡导尊重自然、爱护自然的绿色价值观念，让天蓝地绿水清深入人心，形成深刻的人文情怀。"江西生态文明发展离不开生态文化的内在驱动，江西生态文明发展的历程就是江西凝聚人民力量，参与发展生态文化产业，助力推进民生福祉的历程。江西在深入贯彻落实《国家生态文明试验区（江西）实施方案》中深刻认识到，要不断宣传和弘扬生态文化，敬畏自然、合理利用自然、与自然和谐相处、弘扬人民群众智慧和力量、拓展生态文化内容、创新生态文化发展方式、增强人民群众的生态意识，使这种意识内化于心、外化于行，大力引导群众积极参与到生态文化发展中来，培育践行生态文化，进而增强群众的文化自觉和文化自信。近年来，江西在生态文化建设方面成效显著，如 2018 年新增新余市分宜县分宜镇介桥村、鹰潭市贵溪市樟坪畲族乡樟坪畲族村、赣州市兴国县龙口镇睦埠村、吉安市安福县横龙镇石溪村、赣州市寻乌县澄江镇周田村、抚州市乐安县牛田镇流坑村等 6 个"全国生态文化村"，使江西"全国生态文化村"总数达到 38 个，继续在创建"全国生态文化村"中保持领先地位。

"用智不如乘势""谋大事者，必先谋大势"。江西在实施生态文化发展过程中，首先要搞清楚群众在想什么、需要什么、在做什么，把他们"满意不满意、答应不答应、高兴不高兴"作为生态文化发展的根本标准。把握趋势在于见微知著，认清趋势，这就是明。情况明，才能决心大、方法对。要在全社会形成生态文明共建共享的思想共识和强大合力。显然，生态文明建设同每个人息息相关，每个人都应该做践行者、推动者。建设什么样的社会、实现什么样的目标，人是决定性因素。千里之行，始于足下，走向社会主义生态文明新时代，历史担当任重道远，务必要同心同德、协力互动、持之以恒、共建共享。1992 年联合国环境与发展大会通过的《21 世纪议程》指出："要实现可持续发展，基本的先决条件之一是公众的广泛参与。"①

塑民格、同心同德、协力互动是江西生态文化发展的目标要求。在赣州市蓉江新区潭东镇过路村文化广场，短短 400 字的《村规民约"三字经"》涉及村风民俗、道德精神、卫生创建等多个方面，通俗易懂、简洁明了。蓉江新区创新工作方法，集聚群众智慧，进一步修订和完善符合各村实际的村规民约，引导群众建设健康文明、和谐幸福生活环境。实际上，早在 20 世纪 90 年代，他们就编制了村规民约。村规民约的规范和普及也已经成为江西省上饶市万年县星明村事务管理、化解矛盾纠纷、保障基层稳定的重要法宝，调动了村民遵规守约的主动性，真

① 联合国：《21 世纪议程》，http://www.un.org/chinese/events/wssd/agenda21.htm.

正实现自我管理、自我约束。因此，"以人民为中心"，推进生态文化发展全民参与，激发公众的环境保护与责任意识，充分尊重和发挥人民群众在绿色发展中的主体地位和作用，唤起民众向上向善的生态文化自信与自觉，群策群力、同心同德，成风化人、凝心聚力，为正确处理人与自然关系、解决生态环境领域突出问题、推进经济社会转型发展提供内生动力，是江西推进国家生态文明试验区建设的实践精神。

目前，江西在全国率先建立生态文明建设评价指标体系，并在南昌、赣州等地开展试点践行绿色政绩观。2017 年新能源汽车保有量超过 5 万辆，绿色建筑面积比例超过 20%，城市建成区绿地率达到 42%，绿色生活更加广泛普及。①推动公共文化服务均衡发展。加快构建现代公共文化服务体系，加强公共文化产品和服务供给，加快数字图书馆、数字文化馆、数字博物馆等公共文化服务平台建设，推动文化资源向基层和农村倾斜，促进公共文化服务标准化、均等化。如新余激发体制机制活力，创建国家公共文化服务体系示范区，探索"互联网+文化+众筹"发展之路。做好文化加法，助推生态文化扶贫建设，保护历史文化街区。覆盖赣州市的公共文化设施网络基本建成，文艺精品和群众文化品牌活动好戏连台，赣南优秀传统文化更好传承弘扬，老百姓享受到更多文化实惠。吉安建起了一批高品位、高标准的文化设施，如庐陵文化生态公园、吉州窑遗址公园、

---

① 吴晓军：《关于江西省生态文明建设和生态环境状况的报告》，http://www.jiangxi.gov.cn/art/2017/2/16/art_396_137500.html。

白鹭洲书院，基本构建起了市、县、乡、村四级公共文化服务体系。新干县成功组织实施全省公共文化服务标准化均等化试点工作，吉安市农村文化"星火"工程成功创建第二批国家公共文化服务体系示范项目。江西提出"十三五"时期省、市、县、乡（街办）、村（社区）五级公共文化设施建设全面达标，政府、市场、社会共同参与公共文化服务体系建设的格局逐步形成，基本实现公共文化服务标准化、均等化。

在历史唯物主义视域下，物质力量与精神力量虽然不能等同，但是两者是能够相互作用、相互转化的。经济社会的发展不仅要受到技术和制度创新的促进，而且在很大程度上还要受到精神力量的推动。价值和精神是绿色形象建构的两个本质向度，生态文明的价值观和人民群众的伟大实践精神奠定着江西绿色发展的价值基础和精神基础。

四、促进赣鄱文化对外传播，增强生态文化品牌发展影响力

世界认识中国，从 china（瓷器）开始；世界认识 china（瓷器），从江西景德镇开始。景德镇千年不断的窑火锻造了享誉世界的瓷都品牌。江西景德镇的陶瓷技术冠盖古今，尤其是青花瓷艺术，是创新精神和工匠精神的完美结合，造就了世界陶瓷艺术的高峰。景德镇瓷器不仅是古代海上丝绸之路的重要商品，也是江西文明开放的象征与标志。"青花蓝"不仅是古代江西产业创新的象征，同时也是今天江西勇于创新的标志符号。

　　江西历史悠久、文化灿烂，素有"物华天宝、人杰地灵"之美誉。古色文化、红色文化、生态文化共长，呈现文化资源的丰富叠加。陶瓷文化、禅宗文化、廉政文化、赣南客家文化、万年稻作文化、樟树中药文化、江西茶文化、临川文化、庐陵文化、婺源徽州文化、红色文化资源等具有生态文化的丰富元素，为绿色崛起、生态文明共建共享奠定了坚实的文化价值基础。近几年发现的汉代海昏侯国遗址以及吴城遗址、瑞昌的铜岭铜矿遗址、吉安的吉州窑遗址、贵溪市的大上清宫遗址和很多古村落遗址等都体现了江西丰厚的特色历史文化品牌。

　　当今，弘扬生态文化、建设生态文明、维护生态安全已成为世界发展的主题。[①]生态文明的发展离不开生态文化的推进。生态文化是生态文明建设的核心和灵魂，生态文明程度的提升必然要依靠生态文化发展的支撑，生态文化发展要着力树立全面生态文明意识，为生态文明的发展提供内在动力。江西立足开放、创新，陶瓷、戏曲、文物、非物质文化遗产等赣鄱特色文化资源正通过国家年、文化节、博览会、艺术节等舞台，创造出具有世界影响的中国样式、中国思想，产生了较为长久的生命力和影响力，唱响了"江西风景独好"。

　　历史上的江西是陆上和海上丝绸之路的重要商品输出地。江西主动融入国家"一带一路"倡议，搭建"江西文化丝路行"平台，在国家"一带一路"建设框架下实现有规划、成体系的

---

① 陈俊宏：《弘扬生态文化　构建和谐社会》，载《人民论坛》2010年第2期，第6~7页。

同沿线国家的生态文化交流合作。

2017 年，千年瓷都景德镇在德国柏林举办"感知中国·匠心冶陶"景德镇陶瓷文化展。中国景德镇国际陶瓷博览会已逐步发展成为世界陶瓷盛会、国际交易平台，促进了世界在陶瓷商贸、文化、技艺等方面的交流与合作，向世界展示了江西的美好形象。自 2004 年以来，江西已连续举办了 13 届"瓷博会"。《归来·丝路瓷典》展在国家博物馆启幕，吸引了大批世界各地的陶瓷爱好者前往观展，人们通过近 300 件（套）景德镇明清外销瓷珍品，了解历史上丝绸之路关于中西文化交流的中国故事。

近年来，文化交流愈来愈多：2014 年，江西省木偶剧团在伊朗德黑兰演出。2015 年，江西非物质文化遗产集中亮相意大利米兰世博会。江西省杂技团《我们的生活比蜜甜》剧组一行 34 人，10 天转场俄罗斯巴什科尔托斯坦共和国、彼尔姆边疆区、莫斯科三地，行程上千千米，1 万多名俄罗斯观众观看，为中俄"两河流域"人文合作增添了江西风采。2016 年，南昌市歌舞团赴斯洛文尼亚、马其顿开展"欢乐春节"文化交流演出，"中国文化聚焦——江西文化周"在尼日利亚、加纳、坦桑尼亚举办，"中拉文化交流年"江西两个展览项目走进秘鲁、巴西、厄瓜多尔等国家。《道之韵》赴埃及演出反响热烈，抚州在汤显祖、莎士比亚、塞万提斯逝世 400 周年举行隆重的纪念活动。江西省赣剧院赴英国莎士比亚故乡参加文化交流，演出赣剧折子戏《怨撒金钱》，受到英国各方赞扬，极大地提升了江西省汤显祖文化品牌，让"东方的莎士比亚"传遍世界。婺源油纸伞同景德镇陶瓷等在美国国际品牌授权博览会上齐亮相，吸引了众多国内外观众的目光。在匈牙利首都布达佩斯哥白尼新山展馆展现江西竹文化，在第四届世界绿色发展投资贸易博览会全方位展示美丽中国"江西样板"最新成果，进一步擦亮江西生态文化名片。以"江西风景独好"为主题向世界全面推介江西生态文化。连续举办花博会、茶博会、鄱阳湖国际生态文化节、艺术南昌国际博览会、中国（江西）红色文化博览会、世界绿色发展投资贸易博览会、中国（江西）国际麻纺博览会、景德镇陶瓷博览会、中国（抚州）汤显祖艺术节、中国广昌国际莲花节、中国龙虎山道教文化旅游节、月亮文化节、中国鹰潭黄蜡石交易博览会、环鄱阳湖国际自行车赛等国际展会、赛事等重大生态文化品牌活动。

江西积极借助和发展不同载体，从陶瓷、书画、戏剧、杂技等寻找中外生态文化的交汇点和共鸣点，处处张扬着赣鄱文化的深沉魅力，让江西文化的深厚人文底蕴叫响世界，推动对外生态文化交流品牌系列化和多元化发展，进一步提升了生态文化影响力和传播力。

随着文化产业叠加效应的发挥，江西文化特质在经济学上的价值大为凸显，如作为历史文化和壮丽山河的杰出代表，文化遗产作为特殊资源的品牌效应及价值内涵带来了较大的社会效益与经济效益，对经济有巨大的拉动作用，是江西激发后发优势、实现跨越式发展、发展文化产业的比较优势和历史机遇。显然，必须植根中国思维和中国表达的且具有大国文化气势的民族文化艺术，才能充分展示充满活力、博大精深、意蕴深厚的中国文化，为开放的中国和崛起的江西树立良好的文化形象和生态文化发展的动力。

第三节 江西践行生态文化重要论述的启示

打造美丽中国"江西样板"，表明了一个有着深厚文明底蕴的赣鄱大地在价值追求上重焕当代生态理性，是中华民族优秀的历史传承、厚重的现实展开和充实的未来理想的"三位一体"。在推进生态文明建设的大背景下，必须正确分析当前形势，从全局和战略的角度出发，统一思想、提高认识，切实增强传承和弘扬生态文化的责任感、使命感，"使生态文化真正内化于心、外化于行、深化于魂，成为常态工作、公众的习惯行为、社会的民俗风情"。同时，江西在建设富裕美丽幸福现代化江西实践中深刻认识到，我们要敬畏自然、合理利用自然，与自然和谐相处，弘扬人民群众智慧和力量，拓展生态文化内容，创新生态文化发展方式，增强生态文化自信与软实力。

一、弘扬生态文化，传承人与自然共生精神

习近平总书记指出："历史文化是城市的灵魂，要像爱惜自己的生命一样保护好城市历史文化遗产。"[①]传承历史文脉，

---

① 习近平：《像爱惜自己的生命一样保护好文化遗产》，新华网. http://www.xinhuanet.com/politics/2015-01/06/c_1113897353.htm。

处理好城市改造开发和历史文化遗产保护利用的关系，切实做到在保护中发展、在发展中保护。发展有历史记忆、地域特色、民族特点的美丽城镇，让居民望得见山、看得见水、记得住乡愁。

在江西，建立文化生态保护区，实行原生地保护，较好地实现文化、生态的多样性保护和可持续发展。婺源·徽州文化生态保护实验区是国家设立的第二个实验保护区。客家文化（赣南）生态保护实验区和景德镇陶瓷文化生态保护实验区先后获批，江西从而成为拥有保护区最多的省份之一。同时，启动了省级吉安庐陵文化生态保护实验区和抚州戏曲文化生态保护实验区的规划纲要编制工作。江西提出要进一步完善文化保护与传承体系，到 2020 年，全国重点文物保护单位的重大文物险情排除率达到 100%，力争新增全国重点文物保护单位（国家考古遗址公园）50 家。

习近平总书记在党的十九大报告中强调在人与自然关系的层面上，强调人与自然的统一、协调，人虽居于主导地位，是管理者，但绝不意味着人可以凌驾于自然之上，不守自然规律而随心所欲地驱使自然、安排自然。习近平总书记指出："中华文明历来强调天人合一、尊重自然。""天人合一"是视天地万物为一体的思想。在中国古代文化中，人与自然的关系被表述为"天人关系"。要求人类与自然界的和谐共生，不能因为人的发展而对自然造成破坏。人类不仅要严格地保护自然，更重要的是要在尊重自然规律的前提下恢复自然，在更高层次上实现人与自然的和谐。

"坚持人与自然和谐共生""绿水青山就是金山银山""良好生态环境是最普惠的民生福祉""山水林田湖草是生命共同体""用最严格制度最严密法治保护生态环境""共谋全球生态文明建设"……"六项原则"为新时代推进生态文明建设指明了方向。这要求我们必须树立和践行"绿水青山就是金山银山"的理念，坚持节约资源和保护环境的基本国策，像对待生命一样对待生态环境，统筹山水林田湖草系统治理，实行最严格的生态环境保护制度，形成绿色发展方式和生活方式，坚定走生产发展、生活富裕、生态良好的文明发展道路，建设美丽中国，为人民创造良好生产生活环境，为全球生态安全做出贡献。

二、植根高度文化自信，打造文化产业新优势

党的十九大提出新时代社会主要矛盾转变的新论断。指出中国特色社会主义进入新时代，我国社会主要矛盾已经转化为人民日益增长的美好生活需要和不平衡不充分的发展之间的矛盾。生态文化发展有助于推进满足人民对美好生活的需求。

植根于深厚的生态文化底蕴，立足本地，挖掘自身的文化资源优势，例如传统文化、节日文化、红色文化等，久久为功，推进生态文化发展，是培育践行生态文化新路径的现实要求；植根于生态文化发展的核心要义，从生态文明建设的治本、全局和长远来看，通过以深入骨髓的生态信仰、文化传承，促进绿色发展、生态环境保护与资源开发，是促进生态文明试验区发展的灵魂和根基，是推动生态文明建构的重要精神资源与支

撑，是促进人与自然和谐发展的新方略。

江西提出，实现文化高质量发展满足美好生活需要，要着力推动文化遗产创造性转化和创新性发展。真正让文化遗产活起来，让文化遗产这个"富矿"释放出新时代发展的"动能"。一是要突出革命文化。这是江西的优势，要抓好赣南等原中央苏区革命遗址的保护利用，启动实施红色记忆工程、长征线路革命文物保护利用工程，抓好红色文物、红色标语保护展示利用，着力建设全国重要的红色文化传承创新区。二是要传承历史文化。大力抓好南昌汉代海昏侯国遗址、景德镇陶瓷文化遗址、樟树吴城遗址、瑞昌铜岭铜矿遗址以及传统古村落等文物资源的保护利用，打造在全国独具特色的历史文化传承创新区。三是要传承生态文化。大力建设戏曲文化、地域文化生态保护实验区，大力创建国家级文化生态保护实验区。四是要筑牢传承创新基础。加快建设文物保护研究利用基地，加快创设文化遗产学术研究平台、成果转化平台。

习近平总书记强调，要加快构建生态文明体系，加快建立健全以生态价值观念为准则的生态文化体系。当代中国价值就是中国特色社会主义价值观念，代表了中国先进文化的前进方向。生态价值观是当代中国价值的重要构成。我国成功走出了中国特色社会主义生态文明道路，实践证明我们的道路、理论、制度、文化是成功的。习近平总书记指出："中华优秀传统文化是中华民族的精神命脉，是涵养社会主义核心价值观的重要源泉，也是我们在世界文化激荡中站稳脚跟的坚实根基。只要中华民族一代接着一代追求真善美的道德境界，我们的民族就永远健康向上、永远充满希望。"习近平总书记指出："不忘本来才能开辟未来，善于继承才能更好创新。"要秉持客观、科学、礼敬的态度，不复古泥古，不简单否定，坚持古为今用、推陈出新，有鉴别地加以对待，有扬弃地予以继承，取其精华、去其糟粕，用中华民族创造的一切精神财富来以文化人、以文育人。按照时代特点和要求，对那些至今仍有借鉴价值的内涵和陈旧的表现形式加以改造，赋予其新的时代内涵和现代表达形式，激活其生命力。按照时代的新进步、新进展，对中华优秀传统文化的内涵加以补充、拓展、完善，增强其影响力和感召力，实现中华优秀传统文化的创造性转化和创新性发展，让中华文化展现出永久魅力和时代风采。

江西推动生态文化产业做强，不仅是成功向文化借力，在绿水青山、厚重人文中挖掘出经济价值，构建绿色产业体系的产业化过程，更是一种通过信仰文化引领"跑"出生态文明建设"新速度"的有力实践，它还升华出一种在继承中创造、在创造中发展的信仰文化精神。这种精神将深厚的生态文化变成可资利用的文化资源，赋予其具有新时代特征的内涵；经过创造性转化，这种精神形成为与新时代和民族文化的走势相辅相成的生态信仰文化。信仰文化是有层次和境界的，生态信仰文化是对生态文明的深化和补充。不仅如此，生态信仰的研究还能在理性与非理性、科学主义论与人本主义论之间保持一种"张力"，有效地消融二者之间的对立与冲突。此时，生态文明下的生态信仰文化克服了传统宗教信仰的"迷信误区",克服了人类思想的僵化,继承了农业文明的生态信仰和工业文明的科学信仰,继往开来,推陈出新,关涉人类与其生存环境的永续存在和发展本身。

江西的实践经验表明,对生态文化加以创新,使资源得到创造性转化发展,从而产生一定的经济效益,可以更好地推进生态文化发展。只要扎根于地域文化、特色文化的沃土,借用民族文化精神的精髓,辅之以合适的有特色的艺术形式,在中国底色上进行中国表达,坚持文化资源的创造性转化,生态文化保护与开发利用并举就可以实现。

三、发展生态福祉,始终以人民幸福为实践导向

《国家生态文明试验区(江西)实施方案》秉持发展生态福祉,以人民为中心,始终以人民幸福为导向,认真落实党中央、国务院决策部署,围绕建设富裕美丽幸福江西,进一步提升生态环境质量、增强人民群众获得感;到 2020 年,通过试验区建设,生态环境质量进一步改善,使江西的天更蓝、地更绿、水更清,美丽中国"江西样板"基本建成,人民群众的生态获得感和幸福感明显增强。

正如人欲扩张的结果是自然环境的严重破坏以及两次世界大战等惨重的教训,人痛定思痛,思悟到人的不足,人并不足以作为"本",尤其是宇宙之本。"以人民为中心"中的"人民"也不是西方提出的以人为中心,"以人民为中心"与人类中心主

义有着本质区别。同时，"以人民为中心"不同于"以神为本"，或它的变种"以自然神为本"。不同于"以官为本"，或它的变种"以上为本""以权为本""以管理为本"。也不等同于"以钱为本"，或它的变种"以生产为本""以 GDP 为本"。"以人民为中心"也不同于"以大自然为本"，也不同于某种略为变化的说法——"以环境为本"。提出"以人民为中心"是生态权利的核心，是从生态权利的保障及实现的责任"主体"视角来说的，也即从责任角度"以人民为中心"，责任主体是"人民"。在人与人的关系和人与自然的关系中，人与人的关系是核心。人与人的关系决定着人与自然的关系。人与自然关系的背后是人与人的关系。这种以人、自然、社会协调发展为内容的新的弘扬生态文化的必然要求，是对传统"人类中心主义"与现代"人类中心主义"的扬弃，它坚持了以人的利益作为终极追求的价值标准，合理地解决了人与自然的和谐共生关系动力问题。

2016 年 1 月，习近平总书记在省部级主要领导干部学习贯彻党的十八届五中全会精神专题研讨班上指出："生态环境没有替代品，用之不觉，失之难存。我讲过，环境就是民生，青山就是美丽，蓝天也是幸福，绿水青山就是金山银山。"生态文化发展既是改善发展民生的福祉、提高幸福指数的重要衡量指标，又是凝心聚力、增强生态文明建设共识的重要途径。习近平总书记强调："在生态环境保护上一定要算大账、算长远账、算整体账、算综合账。"正如习近平总书记就推动形成绿色发展方式和生活方式进行第四十一次集体学习时强调，推动形成绿色发展方式和生活方式是贯彻新发展理念的必然要求，必须把生态文明建设摆在全局工作的突出地位，为人民群众创造良好生产生活环境。

从关注人的尊严以及生态信仰文化视角来看，"以人民为中心"，这就是要以人民幸福为"本"。幸福是以一定的物质存在与消费为基础的并伴以欣慰、愉悦等精神感受的一种状态。对幸福的追求和对痛苦的避免可以说是人的天性。衣食住行环境，样样求其善，均是"趋乐避苦"的表现。物质永远只是手段，经济生态化发展的终极目标是使人们达到一种精神上的幸福满足。正如现代华裔经济学家黄有光所说："为什么我认为偏好和欲望之类的满足就其本身而言并不具有规范性意义而只有幸福才如此呢？为什么幸福是最根本的，而其他事物从根本上说只是就其对幸福的直接或间接的促进作用而言才是重要的呢？对此的简单回答是，只有幸福和痛苦本身才有好坏之别，而其他事物均无这种性质。""物质永远只是用以满足人们幸福需要的手段，幸福才是人类唯一有理性的终极目的。"[1]所以，人以幸福为"本"，认识这个问题，对建立"以人民为中心"的新发展观具有十分基础性的意义。

四、提高文化话语权，增强生态文化软实力

习近平总书记指出，新时代推进生态文明建设，要共谋全

---

[1] 黄有光：《效率、公平与公共政策　扩大公共支出势在必行》，北京：社会科学文献出版社，2003 年版，第 78 页。

球生态文明建设的大国担当。坚持绿色发展理念，持之以恒推进生态文明建设，把伟大祖国建设得更加美丽，为子孙后代留下天更蓝、山更绿、水更清的优美环境，这是我们的责任，也是对人类的贡献。习近平总书记强调努力提高国际话语权。落后就要挨打，贫穷就要挨饿，失语就要挨骂。现在国际舆论格局总体是西强我弱，我们往往有理说不出，或者说了传不开，这表明我国发展优势和综合实力还没有转化为话语优势。要着力提高讲好故事的能力，着重讲好中国的故事、中国共产党的故事、中国特色社会主义的故事、中国人民的故事，展示文明大国、东方大国、负责任大国、社会主义大国形象，让当代中国形象在世界上不断树立和闪亮起来。

　　文化软实力集中体现了一个国家基于文化而具有的凝聚力和生命力，以及由此产生的吸引力和影响力。古往今来，一个大国的发展进程，往往既是经济总量、军事力量等硬实力提高的进程，也是价值观念、思想文化等软实力提高的进程。习近平总书记指出，提高国家文化软实力，关系我国在世界文化格局中的定位，关系我国国际地位和国际影响力，关系"两个一百年"奋斗目标和中华民族伟大复兴的中国梦的实现。习近平总书记指出，中华民族传统文化是我们最深厚的软实力。没有文明的继承和发展，没有文化的弘扬和繁荣，就没有中国梦的实现。[①]中华优秀传统文化蕴含的思想观念，如革故鼎新、与时

---

① 《中华优秀传统文化：我们最深厚的文化软实力》，http://theory.people.com.cn/n/2013/1014/c40531-23198599.html。

俱进，脚踏实地、实事求是，惠民利民、安民富民，道法自然、天人合一等，为人们认识和改造世界提供了有益启迪，为治国理政提供了有益借鉴。

赣鄱文化作为传播中华文化、讲好中国故事的重要组成部分，生动诠释了当代中国价值观念。立足传统文化，深挖文化内涵，利用"一带一路"倡议的契机，实现江西文化"走出去"。江西文化在对外交流中呈现出既多元又深入的特征，焕发出了时代新风。把生态文明教育、宣传、阐释作为首要任务，积极开展生态创建活动，实施生态文明教育进机关、进企业、进社区、进农村、进学校"五进"活动，充分利用六五世界环境日、生态文明教育基地、传统节庆等各种时机和平台，运用文化墙、公益广告、文艺作品、新媒体等各种载体，生动讲好江西生态文明故事，增强生态文化情怀。近年来，江西深度凝聚生态文化形象，围绕"杜鹃红""青花蓝""香樟绿""马蹄金"等地域文化特色发展全域旅游。着力推进文化与旅游融合，精心规划建设一批文化旅游精品线路，大力发展以南昌、井冈山、瑞金、安源和赣东北等为代表的红色文化旅游，以庐山、三清山、龙虎山等良好自然资源为基础的绿色文化旅游，以陶瓷文化、汤显祖文化、书院文化和古村落等为代表的古色文化旅游，建设国家红色教育旅游、绿色生态旅游和历史文化旅游目的地。打造特色文化节庆品牌，鼓励重点景区打造具有江西特色的原创演艺精品，开发富有创意的文化旅游商品，进一步唱响"江西风景独好"品牌。

人创造了文化，文化也在塑造人。增强生态文化软实力就要加强公众生态价值理念培育。生态价值理念培育有广义与狭义之分。广义上的生态价值理念培育主要表现在社会文化活动过程中渗透生态情愫，通过体认、内化，做到"学、思、知、行"结合。狭义上，指在教育中，使知识学习与生态涵养，世界观、人生观与价值观相互贯通。正如有研究者认为的："只有当生态忧患意识和生态自然观上升到世界观、人生观和价值观层面，才能有坚定的生态信仰。"① 生态价值理念培育具有多重特性，它是一种体验性、发展性、过程性、和谐型、基础性、立体型、渗透性的教育。生态性、和谐性、实践性、整合性是生态价值理念培育的基本原则。它的深层底蕴深入人的生态理性、生存理性、生活理性中去，丰富和发展了全面发展教育的基本内核，并在某种程度上体现了全面发展教育的新时代特征。

生态文化发展是满足人的精神需求、保障群众基本文化权益的过程，更是一个提高人的综合素质、塑造健全完美人格的过程。在生态文明建设方面，江西积极树立尊重自然、顺应自然、保护自然的生态文明理念，突出自然环境优良的生态优势，不断推进各项生态工程落实和生态文明体制改革，深入实施国家生态文明试验区战略，着力推进生态文明理念更加深入人心，推动群众精神境界的不断提升。江西深入实施公民道德建设工程，推进社会公德、职业道德、家庭美德、个人品德建设。深

---

① 张秀玲：《思想政治教育的生态价值探究》，硕士学位论文，中共山东省委党校，2011 年 5 月。

入开展文明城市、文明村镇、文明单位、文明家庭、文明校园等精神文明创建活动。深入开展"推动移风易俗,促进乡风文明"行动,组织开展"文明生态村"帮建、"星级文明信用户"创评活动,让乡风民风美起来。

生态文明的价值观体现着人们较高的价值追求,这种价值观的形成和发展必然依靠坚定推进中国生态文明建设这一系统工程,必须进一步统一思想、凝聚共识,形成全社会共同参与生态文明建设的强大力量。江西认真贯彻党中央关于生态文明试验区建设的一系列部署要求,从凝聚文化自信、人民群众智慧和力量出发,坚持把培育践行生态文化作为重要支撑,拓展生态文化发展内容,创新生态文化发展方式,增强人民群众的生态文化自觉和文化自信。同时,以群众身边的民生实事创新生态文化发展的载体、培育群众生态文明价值观,有力推动了生态文化软实力的增长。

参考文献

[1] 马克思恩格斯全集：第 2 卷[M]. 北京：人民出版社，1957.

[2] 中共中央马克思恩格斯列宁斯大林著作编译局. 马克思恩格斯文集：第 1～10 卷[M]. 北京：人民出版社，2009.

[3] 马克思. 1844 年经济学哲学手稿[M]. 中共中央马克思恩格斯列宁斯大林著作编译局，编译. 北京：人民出版社，2000.

[4] 邓小平. 邓小平文选：第 3 卷[M]. 北京：人民出版社，1993.

[5] 习近平. 习近平谈治国理政[M]. 北京：外文出版社，2014.

[6] 习近平. 习近平谈治国理政：第二卷[M]. 北京：外文出版社，2017.

[7] 中共中央文献研究室. 习近平关于社会主义生态文明建设论述摘编[M]. 北京：中央文献出版社，2017.

[8] 中共中央宣传部. 习近平总书记系列重要讲话读本[M]. 北京：学习出版社，人民出版社，2014.

[9] 习近平. 决胜全面建成小康社会 夺取新时代中国特色社会主义伟大胜利——在中国共产党第十九次全国代表大会上的报告[M]. 北京：人民出版社，2017.

[10] 方世南. 马克思恩格斯的生态文明思想——基于《马克思恩格斯文集》的研究[M]. 北京：人民出版社，2017.

[11] 傅春. 江西样板——江西生态文明建设的经验与评价[M]. 南昌：江西人民出版

社，2016.

[12]　黄承梁. 新时代生态文明建设思想概论[M]. 北京：人民出版社，2018.

[13]　江泽慧. 生态文明时代的主流文化——中国生态文化体系研究总论[M]. 北京：
　　　人民出版社，2013.

[14]　姜玮，梁勇. 奋力打造生态文明建设的江西样板——绿色崛起干部读本[M].
　　　南昌：江西人民出版社，2015.

[15]　解振华，潘家华. 中国的绿色发展之路[M]. 北京：外文出版社，2018.

[16]　潘家华，等. 生态文明建设的理论构建与实践探索[M]. 北京：中国社会科学文
　　　献出版社，2019.

[17]　王玲玲，冯皓. 发展伦理探究[M]. 北京：人民出版社，2010.

[18]　习近平. 摆脱贫困[M]. 福州：福建人民出版社，2014.

[19]　习近平. 之江新语[M]. 杭州：浙江人民出版社，2007.

[20]　张和平. 筑梦美丽中国　打造"江西样板"——江西生态文明建设实践与探索
　　　[M]. 北京：中国环境出版社，2018.

[21]　张圣才，傅安平. 江西文化蓝皮书——江西非物质文化遗产发展报告（2016）
　　　[M]. 北京：社会科学文献出版社，2016.

[22]　赵力平. 美丽中国"江西样板"[M]. 南昌：江西教育出版社，2017.

[23]　邹晓明，等. 打造生态文明建设"江西样板"的实现路径研究[M]. 北京：经济
　　　科学出版社，2016.

[24]　克洛德•阿莱格尔. 城市生态，乡村生态[M]. 北京：商务印书馆，2003：163.

[25]　小约翰•B. 科布. 走出经济学和生态学对立之深谷[M]. 马李芳译//王治河，薛
　　　晓源. 全球化与后现代性. 桂林：广西师范大学出版社，2003.

[26]　关于全面加强生态环境保护　坚决打好污染防治攻坚战的实施意见[N]. 江西

日报，2018-09-04，第 B02 版.

[27] 习近平在部分省区市党委主要负责同志座谈会上强调　谋划好"十三五"时期
扶贫开发工作　确保农村贫困人口到 2020 年如期脱贫[J]. 当代贵州，2015
（25）：8-9.

[28] 习近平在第二次中央新疆工作座谈会上强调　坚持依法治疆团结稳疆长期
建疆　团结各族人民建设社会主义新疆[J]. 当代兵团，2014（11）：7-8.

[29] 陈俊宏. 弘扬生态文化　构建和谐社会[J]. 人民论坛，2010（2）：6-7.

[30] 盖光. 论主客体的生态性结构[J]. 东岳论丛，2005，26（6）：162-165.

[31] 耿步健，仇竹妮. 习近平生命共同体思想的科学内涵及现实意义[J]. 财经问题
研究，2018（7）：23-29.

[32] 华启和. 打造美丽中国"江西样板"是习近平总书记"两山论"在江西的生动
实践[J]. 鄱阳湖学刊，2018（4）：37-43.

[33] 华启和. 习近平新时代中国特色社会主义生态文明建设话语体系的四重向度[J].
扬州大学学报（人文社会科学版），2018，22（4）：12-16.

[34] 孔凡斌. 统筹山水林田湖草系统治理[N]. 江西日报，2017-11-20.

[35] 孔凡斌. 以共抓大保护推动长江经济带绿色发展[N]. 江西日报，2018-04-23.

[36] 孔凡斌. 正确把握五个关系　打造长江"最美岸线"[N]. 江西日报，2018-05-28.

[37] 李志萌. 扬优成势推进绿色崛起[N]. 江西日报，2017-06-12.

[38] 梁勇. 走出坚持人与自然和谐共生的发展新路[N]. 江西日报，2018-01-01.

[39] 刘奇. 全力推进"共抓大保护"攻坚行动　加快推动实现高质量发展[J]. 当代
江西，2018（5）：8-12.

[40] 刘奇. 走出一条具有江西特色的乡村振兴之路[J]. 江西农业，2018（11）：6-7.

[41] 鹿心社. 深入推进国家生态文明试验区建设[J]. 当代江西，2017（7）：4-8.

[42] 鹿心社. 以习近平总书记重要要求为指引　加快建设富裕美丽幸福江西[J]. 人民论坛, 2017 (4): 6-11.

[43] 阮晓菁, 郑兴明. 论习近平生态文明思想的五个维度[J]. 思想理论教育导刊, 2016 (11): 57-61.

[44] 宋献中, 胡珺. 理论创新与实践引领: 习近平生态文明思想研究[J]. 暨南学报 (哲学社会科学版), 2018 (1): 2-17.

[45] 王雨辰. 习近平"生命共同体"概念的生态哲学阐释[J]. 社会科学战线, 2018 (2): 1-7.

[46] 郇庆治. 生态文明创建的绿色发展路径: 以江西为例[J]. 鄱阳湖学刊, 2017 (1): 29-41.

[47] 郇庆治. 习近平生态文明思想的政治哲学意蕴[J]. 人民论坛, 2017 (31): 22-23.

[48] 张三元. 论习近平人与自然生命共同体思想[J]. 观察与思考, 2018 (7): 5-17.

[49] 张云飞. "生命共同体": 社会主义生态文明的本体论奠基[J]. 马克思主义与现实, 2019 (2): 30-38.

[50] 周光迅, 郑玥. 从建设生态浙江到建设美丽中国——习近平生态文明思想的发展历程及启示[J]. 自然辩证法研究, 2017 (7): 76-81.

[51] 联合国. 21 世纪议程[EB/OL]. http: //www. un. org/chinese/events/wssd/ agenda21. htm.

[52] 把祖国的新疆建设得越来越美好——习近平总书记新疆考察纪实[EB/OL]. http: // www. zgdsw. org. cn/n/2014/0504/c218988-24970700.html.

[53] 全国社会扶贫工作电视电话会议召开[EB/OL]. http: //politics.people.com.cn/n/ 2014/1017/c70731-25858352. html.

[54] 习近平在湖南考察时强调: 深化改革开放推进创新驱动实现全年经济社会发展

目标[EB/OL]. http：//news.xinhuanet.com/politics/2013-11/05/c_118018214.htm.

[55]　习近平在山东考察时强调：认真贯彻党的十八届三中全会精神汇聚起全面深化改革的强大正能量[EB/OL]. http：//www. zgdsw. org. cn/n/2013/1129/c218988-23693061.html.

[56]　习近平在云南考察工作时强调：坚决打好扶贫开发攻坚战加快民族地区经济社会发展[EB/OL]. http：//www. zgdsw. org. cn/n/2015/0122/c218988-26431478.html

[57]　习近平主持中共中央政治局常务委员会会议并讲话[EB/OL]. http：//news. xinhuanet.com/politics/2013-04/25/c_115546301.htm.

[58]　中央经济工作会议在北京举行习近平李克强作重要讲话[EB/OL]. http：//www. zgdsw. org. cn/n/2014/1212/c218988-26196145.html.

[59]　关于江西省生态文明建设和生态环境状况的报告[EB/OL]. http：//www. jiangxi. gov. cn/xzx/tzgg/201702/t20170216_1313084.html.

[60]　光明日报评论员. 推动生态文明建设迈上新台阶[EB/OL]. http：//news. gmw. cn/2018-05/20/content_28877048.htm.

[61]　刘奇. 深化交流合作　赣港两地共享发展红利[EB/OL]. http：//news. jxntv. cn/2018/0517/8886229. shtml.

[62]　事关全局！习近平总书记详解这一"根本大计"[EB/OL]. http：//www. sohu. com/a/232645010_118392.

[63]　习近平. 共谋绿色生活，共建美丽家园——在2019年中国北京世界园艺博览会开幕式上的讲话[EB/OL]. http：//www. xinhuanet. com/politics/leaders/2019-04/28/c_1124429816.htm.

[64]　习近平. 环境就是民生，青山就是美丽，蓝天也是幸福[EB/OL]. http://cpc. people. com. cn/xuexi/n1/2018/0223/c385476-29830095.html.

[65] 习近平. 生态保护要算大账、长远账、整体账、综合账[EB/OL]. http://www. cclycs. com/y250221.html.

[66] 习近平. 像爱惜自己的生命一样保护好文化遗产[EB/OL]. http：//www. xinhuanet. com/zgjx/2015-01/07/c_133901551.htm.

[67] 习近平主持中共中央政治局第四十一次集体学习[EB/OL]. http：//cpc. people. com. cn/n1/2017/0528/c64094-29305569.html.

[68] 优秀传统文化是中华民族的精神命脉[EB/OL]. http：//news. ifeng. com/a/ 20180202/55693782_0. shtml.

[69] 中共中央办公厅　国务院办公厅印发《国家生态文明试验区（江西）实施方案》和《国家生态文明试验区（贵州）实施方案》[EB/OL]. http：//www. gov. cn/xinwen/2017-10/02/content_5229318.htm.

[70] 中华优秀传统文化：我们最深厚的文化软实力[EB/OL]. http://theory. people. com. cn/n/2013/1014/c40531-23198599.html.

[71] 张和平. 关于国家生态文明试验区（江西）建设情况的报告——2019 年 1 月 29 日在江西省第十三届人民代表大会第三次会议上[R/OL]. （2019-02-26）.http：// www. jiangxi. gov. cn/art/2019/2/26/art_6394_663817.html.

[72] 张和平. 关于国家生态文明试验区（江西）建设情况的报告——2018 年 1 月 25 日在江西省第十三届人民代表大会第一次会议上[R/OL]. （2018-02-28）.http：// jx. people. com. cn/n2/2018/0228/c186330-31290813.html.

[73] 吴晓军. 关于江西省生态文明建设和生态环境状况的报告——2017 年 1 月 18 日在江西省第十二届人民代表大会第七次会议上[R/OL]. （2017-02-16）. http://www. jiangxi. gov. cn/art/2017/2/16/art_396_137500.html.

[74] 吴晓军. 关于江西省生态文明先行示范区建设和生态环境状况的报告——2016 年

1 月 27 日在江西省第十二届人民代表大会第五次会议上[R/OL]. （2016-02-23）.

http：//jxrd. jxnews. com. cn/system/2016/02/23/014700822. shtml.

[75]　江西省环境保护厅. 2017 年江西省环境状况公报[R/OL]. （2018-06-01）. http：//sthjt.

jiangxi. gov. cn/doc/2019/11/02/66942. shtml.